essentials

essentials liefern aktuelles Wissen in konzentrierter Form. Die Essenz dessen, worauf es als „State-of-the-Art" in der gegenwärtigen Fachdiskussion oder in der Praxis ankommt. *essentials* informieren schnell, unkompliziert und verständlich

- als Einführung in ein aktuelles Thema aus Ihrem Fachgebiet
- als Einstieg in ein für Sie noch unbekanntes Themenfeld
- als Einblick, um zum Thema mitreden zu können

Die Bücher in elektronischer und gedruckter Form bringen das Expertenwissen von Springer-Fachautoren kompakt zur Darstellung. Sie sind besonders für die Nutzung als eBook auf Tablet-PCs, eBook-Readern und Smartphones geeignet. *essentials:* Wissensbausteine aus den Wirtschafts-, Sozial- und Geisteswissenschaften, aus Technik und Naturwissenschaften sowie aus Medizin, Psychologie und Gesundheitsberufen. Von renommierten Autoren aller Springer-Verlagsmarken.

Weitere Bände in dieser Reihe http://www.springer.com/series/13088

Anna Borg · Mathias Jürgen Bauer

TIGER – Kommunikationskonzept Tiefe Geothermie

Springer Spektrum

Anna Borg
CBM GmbH Gesellschaft für Consulting
Business und Management mbH
Bexbach, Deutschland

Mathias Jürgen Bauer
CBM GmbH Gesellschaft für Consulting
Business und Management mbH
Bexbach, Deutschland

ISSN 2197-6708   ISSN 2197-6716   (electronic)
essentials
ISBN 978-3-658-18499-5   ISBN 978-3-658-18500-8   (eBook)
DOI 10.1007/978-3-658-18500-8

Die Deutsche Nationalbibliothek verzeichnet diese Publikation in der Deutschen Nationalbiblio-
grafie; detaillierte bibliografische Daten sind im Internet über http://dnb.d-nb.de abrufbar.

Springer Spektrum
© Springer Fachmedien Wiesbaden GmbH 2017

Gedruckt auf säurefreiem und chlorfrei gebleichtem Papier

Springer Spektrum ist Teil von Springer Nature
Die eingetragene Gesellschaft ist Springer Fachmedien Wiesbaden GmbH
Die Anschrift der Gesellschaft ist: Abraham-Lincoln-Str. 46, 65189 Wiesbaden, Germany

Was Sie in diesem *essential* finden können

- Darstellung der Akzeptanzfaktoren für Tiefe Geothermie-Projekte.
- Einführung in die Grundsätze erfolgreicher Projektkommunikation.
- Konkrete Handlungshilfen zu Kommunikation und Öffentlichkeitsarbeit bei Tiefen Geothermie-Projekten.
- Hinweise zu akzeptanzfördernden Maßnahmen im gesamten Projektverlauf.

Inhaltsverzeichnis

Über die Autoren

Das TIGER Kommunikationskonzept wurde im Rahmen des Forschungsvorhabens TIGER entwickelt, gefördert vom Bundesministerium für Wirtschaft und Energie durch den Projektträger PTJ Jülich (Förderkennzeichen 0325413A-C). Das vorliegende Konzept wurde in interdisziplinärer Zusammenarbeit aller Verbundpartner erstellt. Folgende Personen waren in die Erstellung des Kommunikationskonzepts eingebunden:

Anna Borg, Markus Frey, Heiko Ehrenheim, Jan Schiffer, CBM GmbH, Niederbexbacher Str. 67, 66450 Bexbach (Projektkoordination).

Prof. Dr. Eva-Maria Jakobs, Prof. Dr. Martina Ziefle, Dr. Bianka Trevisan, Denis Eraßme, Eva Reimer, Johanna Kluge, Sylvia Kowalewski, Simon Himmel, Simone Wirtz-Brückner, Human Computer Interaction Center (HCIC) RWTH Aachen University, Campus Boulevard 57, 52074 Aachen (Verbundpartner).

Thorsten Weimann, Aike van Douwe, Sabine Hahn, Sabine Schwendemann, gec-co, Global Engineering, & Consulting-Company GmbH, Bürgermeister-Wegele-Straße 6, 86167 Augsburg (Verbundpartner).

Unser ausdrücklicher Dank gilt Frau Andrea Ballouk, Manfred Monser und ihren Kolleginnen und Kollegen vom Projektträger PTJ für ihre Unterstützung und unbürokratische Hilfe im gesamten Projektverlauf.

Internet: www.tiger-geothermie.de, E-Mail: info@tiger-geothermie.de

Vorbemerkung 1

Für eine erfolgreiche Umsetzung der in 2012 beschlossenen Energiewende in Deutschland ist die Tiefe Geothermie im Energiemix der Erneuerbaren Energien ein notwendiger Baustein. Die Akzeptanz dieser neuen und innovativen Technologie in der Bevölkerung ist ein wesentlicher Faktor für eine erfolgreiche Implementierung. Im Forschungsprojekt TIGER (**Ti**efe **Ge**othermie: Akzeptanz und Kommunikation einer innovativen Technologie) wurde im Auftrag des Bundesministerium für Wirtschaft und Energie (BMWi) die Akzeptanz und Wahrnehmung der Tiefen Geothermie erforscht und auf dieser Basis Handlungshinweise für die Akteure – Betreiber und Betreiberinnen, Investoren und Investorinnen sowie Institutionen – entwickelt, die eine breitenwirksame Profilbildung der Nutzung Tiefer Geothermie ermöglichen. Zentrales Element für die Akzeptanz sind Kommunikation und Öffentlichkeitsarbeit. Das vorliegende Kommunikationskonzept (Abb. 1.1) unterstützt Investoren, Betreiber und Institutionen bei der Öffentlichkeitsarbeit und Kommunikation und zeigt Wege auf, die guten Voraussetzungen für die Akzeptanz des (lokalen) Projekts zu fördern. Zu beachten ist, dass der „Untersuchungsgegenstand" Tiefe Geothermie sowohl durch regionale als auch lokalpolitische Umstände stark geprägt ist. Über klassische Kommunikationsthemen hinaus werden weitere akzeptanzfördernde Hinweise im Umgang mit der Öffentlichkeit gegeben.

© Springer Fachmedien Wiesbaden GmbH 2017
A. Borg und M.J. Bauer, *TIGER – Kommunikationskonzept Tiefe Geothermie*, essentials, DOI 10.1007/978-3-658-18500-8_1

Abb. 1.1   Elemente des TIGER Kommunikationskonzepts

Ausgangssituation Tiefe Geothermie

2

Fragt man den Mann oder die Frau auf der Straße „Was ist Geothermie?",
bekommt man außerhalb von Orten, an denen bereits Tiefe Geothermie-Projekte
realisiert sind, häufig nur ein vages „Hm, irgendwas mit der Erde und Wärme?"
als Antwort. Das öffentliche Interesse an Tiefer Geothermie variiert je nach orts-
und regionsspezifischen Gegebenheiten. Die Nutzung von Erdwärme aus Tiefer
Geothermie als Energielieferant ist in der Bevölkerung bislang wenig bekannt.
Über die verwendete komplexe Technik und über das Vorgehen bei der Erschlie-
ßung dieser Energiequelle herrscht Unwissen (vgl. Kluge et al. 2015; siehe auch
Abb. 9.2). Geothermie ist im Gegensatz zu den anderen erneuerbaren Energien,
wie Windkraft und Solarenergie, weniger „sichtbar" und damit weniger direkt
„erlebbar".

Die Berichterstattung in den Medien zu Tiefer Geothermie ist zunehmend
kritisch und geprägt durch negative Ereignisse, wie den Bodenhebungen in
Landau 2014 und den Erschütterungen in Basel 2006. Kurzfazit aus den Erhe-
bungen und Medienanalysen ist, dass Investoren, Betreiber und Institutionen in
der Vergangenheit die Bedeutung der Öffentlichkeitsarbeit und einer kontinuierlichen Kommunikation mit Bürgern, Lokalpolitik und Medien unterschätzt
haben. Um Akzeptanz zu erreichen – sowohl für die Tiefe Geothermie im Allgemeinen, als auch für lokale Einzelprojekte –, ist ein Bewusstseinswandel bezüglich der Bedeutung von Kommunikation für geothermische Projekte auf Seiten
der Akteure notwendig, um das vorhandene Potenzial Tiefer Geothermie besser
ausschöpfen zu können. Bei vielen bereits bestehenden, geplanten oder in Bau
befindlichen Geothermie-Projekten findet bislang wenig systematische Kommunikation statt. Kommunikation mit der Öffentlichkeit wird für die Betreiber meist
erst dann zum Thema, wenn ein „Ereignis" eintritt und es gilt, kritische Themen
zu kommunizieren.

© Springer Fachmedien Wiesbaden GmbH 2017
A. Borg und M.J. Bauer, *TIGER – Kommunikationskonzept
Tiefe Geothermie*, essentials, DOI 10.1007/978-3-658-18500-8_2

Wichtig ist es daher Kommunikation und Öffentlichkeitsarbeit als wesentlichen Bestandteil eines erfolgreichen Projektes zu verstehen und diese von Beginn an einzuplanen. Regelmäßige Kommunikationsmaßnahmen während der gesamten Projektlaufzeit sowie der Einbezug der Bürger in Entscheidungsprozesse können die Vermittlung eines Projektes positiv beeinflussen. Darüber hinaus stärkt kontinuierliche Kommunikation die Wirtschaftlichkeit eines Projektes, da im Projektverlauf mit weniger Planungs- und Umsetzungsverzögerungen durch Widerstand in der Bevölkerung zu rechnen ist. Ziel von Betreibern und Institutionen muss es deshalb sein, die Voraussetzungen für eine transparente Kommunikation zwischen Betreibern, Bürgern, Institutionen und Politik zu schaffen.

2.1   Politisches Umfeld, Historie und Branche

Erklärtes politisches Ziel der Bundesregierung ist die Erhöhung des Anteils Erneuerbarer Energien (EE) im deutschen Energiemarkt. Geothermie fällt unter die Erneuerbaren Energien als dezentrale, grundlastfähige Energiequelle, die sowohl Strom, Wärme und Kälte erzeugen kann. Sie ist damit ein wichtiger Pfeiler für die Erreichung der energie- und klimapolitischen Ziele Deutschlands. Entsprechend wird die Erdwärme von Anfang an im Erneuerbare-Energien-Gesetz (EEG) berücksichtigt[1]. Ihr Nutzungspotenzial zur Stromerzeugung wurde bereits im Jahr 2003 vom Büro für Technikfolgen-Abschätzung beim Deutschen Bundestag (TAB) untersucht. In der TAB-Studie (Paschen et al. 2003) wird dokumentiert, dass geothermische Energie für Deutschland grundsätzlich eine ernstzunehmende Option für die zukünftige Energieversorgung darstellt. „Das technische Gesamtpotenzial zur geothermischen Stromerzeugung wurde mit ca. 1200 Exa Joule (etwa 300.000 TWh) abgeschätzt" (Paschen et al. 2003, S. 51), was etwa dem 600fachen des deutschen Jahresstrombedarfes entspricht. Gleichzeitig wird aber auch auf Folgendes hingewiesen: „Unter Nachhaltigkeitsaspekten sollte dieses technische Potenzial – auch vor dem Hintergrund seiner gewaltigen Dimensionen – nur innerhalb eines sehr langen Zeitraums erschlossen werden. Denn eine Regeneration der geothermischen Ressourcen infolge des natürlichen Wärmestroms ist über kürzere Zeiträume nicht möglich" (Paschen et al. 2003, S. 51).

---

[1]Mit dem Erneuerbare-Energien-Gesetz ist im Jahr 2000 ein Förderinstrument geschaffen worden, das den Erneuerbaren Energien als Sprungbrett in den Energiemarkt dienen sollte. Neben den nationalen Zielen gibt auch die Europäische Union verpflichtende Ausbauziele für Erneuerbare Energien sowie Klimaschutzziele vor.

Die erste tiefengeothermische Anlage zur Wärmeversorgung in Deutschland ging 1984 in Waren an der Müritz in Betrieb. Die erste tiefengeothermische Stromerzeugung für den freien Energiemarkt startete 2007 in Landau. Aktuell befinden sich in Deutschland 32 (Stand Juni 2015) tiefengeothermische Anlagen in Betrieb, die meisten davon in Bayern. 24 Heizwerke und Sonden erzeugen Wärme. Fünf Anlagen (Heizkraftwerke) produzieren kombiniert Strom und Wärme, während drei Anlagen ausschließlich für die Stromerzeugung genutzt werden. Tiefe Geothermie zählt überwiegend Stadtwerke und Investitionsgesellschaften zu ihren Kunden.

Die Tiefe-Geothermie-Branche besteht zu mehr als 80 % aus kleinen und mittleren Unternehmen. Dabei machen kleine Unternehmen mit bis zu zwanzig Beschäftigten den größten Anteil aus (über 50 %) (Hegle und Knapek 2014). Nur 15 % der Marktteilnehmer beschäftigen mehr als 1000 Mitarbeiter. Für die kleinen Unternehmen ist die Geothermie oft das Hauptgeschäftsfeld.

2.2 Berichterstattung in Presse, Funk und Fernsehen

Bis zu dem seismischen Ereignis in Landau im Sommer 2009 wurde über Tiefe Geothermie eher neutral und ausgewogen als Zukunftstechnologie berichtet. Tiefe Erdwärme war meist ein Thema der Lokalpresse und wurde selten überregional publiziert. Die Berichterstattung am Oberrheingraben hat sich seit den seismischen Ereignissen in Landau im Jahr 2009 deutlich verändert und ist aktuell eher negativ (Trevisan et al. 2013). Zudem gipfelt die Berichterstattung allzu oft in der Frage nach der grundsätzlichen Beherrschbarkeit der Technik. Die durch Skepsis und Vorbehalte geprägte Berichterstattung Tiefer Geothermie steht allerdings im Widerspruch zu Umfrageergebnissen über die Einstellung der deutschen Bevölkerung zu Erneuerbaren Energien, denn diese ist überwiegend positiv (vgl. Abb. 2.1).

2.3 Tiefe Geothermie im Internet und den Social Media

Tiefe Geothermie ist auch ein im Internet diskutiertes Thema. In den verschiedenen Blogs werden insbesondere die Kosten-Nutzen-Aspekte diskutiert, wobei die Kosten von Geothermie als negativer Aspekt dieser Energieform wahrgenommen werden. Tiefe Geothermie ist ein eher von Männern bestimmtes Thema (Trevisan et al. 2014, 2015). In Internetforen finden sich insbesondere technikaffine Männer

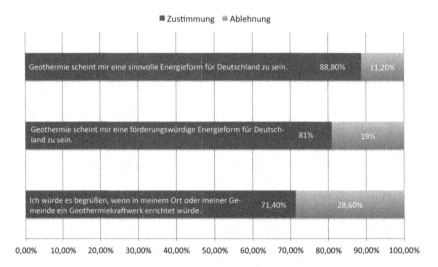

Abb. 2.1 Allgemeines Stimmungsbild zu Geothermie. (Kluge et al. 2015)

mittleren Alters, die im Energieumfeld tätig sind. Ökologische, politische und technische Ereignisse wirken sich in Internetforen unmittelbar auf die Einstellungen, Wahrnehmungen und Bewertungen von Betroffenen aus. Umso wichtiger ist es, auch bei der Nutzung von Social Media, frühzeitig, kontinuierlich und zielgruppenorientiert positive und breitenwirksame Informationen zu platzieren. Die Geothermie-Verbände kommunizieren bereits über Twitter (WFG) und Facebook (BVG), Betreiber nutzen diese Kanäle bisher wenig.

Die generelle Tendenz einer Verschiebung der Mediennutzung weg von den klassischen Printmedien hin zu elektronischen Medien ist allgemeiner Trend und zeigt sich insbesondere, wenn das Informationsmedium mit dem Alter der Zielgruppe in Zusammenhang gebracht wird (Wirtz-Brückner et al. 2015). Die unter 25-Jährigen bevorzugen Informationen aus dem Internet. Dieser generelle Trend wird sich fortsetzen, da immer mehr Menschen über einen „unbegrenzten" Zugriff auf Informations- und Kommunikationskanäle verfügen. Sie bestimmen Art und Umfang der Nutzung selbst, losgelöst von Informationen von Betreibern, Institutionen und Medien. Die Darstellung der Tiefen Geothermie im Internet erlangt somit eine immer größere Bedeutung. Aktuell nutzen insbesondere Bürgerinitiativen das Internet. Wobei Bürgerinitiativen nicht primär das Ziel verfolgen, ausschließlich negativ über Tiefe Geothermie zu kommunizieren, sondern sie übernehmen vielmehr selbst die Aufgabe des „Informanten" und vermitteln Hintergrundwissen (Reimer et al. 2014).

2.4   Stimmung in der Bevölkerung

Das 2012 im Rahmen von TIGER ermittelte Stimmungsbild zu Geothermie kommt zu dem Ergebnis, dass fast 89 % der Befragten Geothermie für eine sinnvolle Energieform für Deutschland halten. 81 % halten sie für eine förderungswürdige Energieform und mehr als 71 % würden es begrüßen, wenn ein Geothermie-Kraftwerk vor Ort errichtet würde (Abb. 2.1) (Kluge und Van Douwe 2014).

Neben dieser als positiv zu wertenden Grundstimmung, hat sich an einigen Orten auch Widerstand gegen Geothermie formiert. In den gegründeten Bürgerinitiativen drücken sich die Ängste und Sorgen der Bevölkerung aus. Die hier formulierten Argumente müssen von allen Akteuren sehr ernst genommen werden – auch wenn diese vielleicht fachlich nicht begründbar sind – da die Bürgerinitiativen über verschiedene lokale und überregionale Plattformen die Bevölkerung erreichen und meinungsbildend wirksam werden.

Damit sich die Menschen ein objektives Bild von Geothermie machen können, ist es von entscheidender Bedeutung, dass sie umfassende und offene Informationen zu Chancen und Risiken der Technologie erhalten. Betreiber, Investoren und Institutionen sollten ihre Chance im Sinne einer transparenten Kommunikation nutzen, Informationen zur Verfügung zu stellen und damit eine neutrale Meinungsbildung zu ermöglichen (vgl. Kluge et. al. 2016).

2.5   SWOT-Analyse

Ausgangsbasis für eine zielgruppengerechte Kommunikation ist die SWOT-Analyse. Darin werden die Stärken (**Strengths**), Schwächen (**Weaknesses**), Chancen (**Opportunities**) und Risiken (**Threats**) dargestellt. **Stärken** und **Schwächen** ergeben sich aus der kritischen (Selbst-)Betrachtung. Die hier dargestellte SWOT-Analyse ist für die gesamte Branche angelegt, für das spezifische Einzelprojekt gilt: Besonderheiten des Unternehmens (z. B. Alleinstellungsmerkmale) und regionsspezifische Inhalte müssen immer entsprechend ergänzt werden. In Tab. 2.1 sind die identifizierten übergeordneten Stärken und Schwächen gelistet; sie werden im Abschn. 15.1 detailliert aufgeführt.

Demgegenüber stehen die **Chancen** und **Risiken** der Geothermie. Hierin sind die äußeren Bedingungen sowie deren Entwicklung in der Zukunft zusammengetragen. Diese sind für die Branche und die Projekte vorgegeben und nur wenig zu beeinflussen.

Tab. 2.1 SWOT-Analyse Tiefe Geothermie – Stärken und Schwächen

Stärken	Schwächen
• geringe Umweltauswirkungen (CO_2-Emissionen, brennstofffreier Betrieb) • heimische/regionale Energiequelle • nachhaltig • grundlastfähig • Strom-, Wärme- und Kälte-Produktion • stabiler Energiepreis	• Problematik der Entsorgung von Gefahrstoffen • mangelndes Wissen über regionale geologische Bedingungen • fehlende Langzeiterfahrungen (Bohrungen, Tektonik etc.) • hohe Kosten/Investitionen notwendig

Tab. 2.2 SWOT-Analyse Tiefe Geothermie – Chancen und Risiken

Chancen	Risiken
• CO_2-freie Strom-, Wärme-, Kälteerzeugung • höhere Verbreitung Fernwärmenetze • Klimaschutzziele und „Erneuerbare Wärmewende" gelangen national/international stärker auf die politische Agenda • regionale Wertschöpfung • Fortschritte der Branche bei Technik, Analyse- und Planungsmethoden	• Bodenbewegungen und Gewässerschäden • rechtliche, politische und finanzielle Unwägbarkeiten bei Gesetzen, Vorschriften, Förderrichtlinien • langsam/nicht eintretende Skaleneffekte • Bürgerproteste • unklare Akzeptanzentwicklung bei petrothermaler Geothermie

In Tab. 2.2 sind die Chancen, im Sinne von Ansatzpunkten für die Kommunikation, und Risiken, im Sinne von Gefahren für die Kommunikation, dargestellt. Eine ausführliche Auflistung gegliedert nach den Themen Ökologie, Wirtschaftlichkeit, Technik, Öffentlichkeit und Recht befindet sich in Abschn. 15.1.

Die in der SWOT-Analyse zusammengefassten Inhalte stellen die Basis für die Projektstory und die Kernbotschaften (Kap. 9) des Projektes dar, wobei hier im konkreten Falle eines Projektes die unternehmensspezifischen Inhalte und die regionalen Besonderheiten Berücksichtigung finden müssen.

Kommunikation und Akzeptanz 3

Ziel der Kommunikation ist, in der breiten Öffentlichkeit die Akzeptanz für die Energieform Tiefe Geothermie zu verbessern. Akzeptanz ist auch für einzelne lokale Tiefe-Geothermie-Projekte ein Erfolgsgarant. Um Akzeptanz zu ermöglichen, müssen hierzu, wie in Abb. 3.1 graphisch dargestellt und durch die TIGER-Erhebungen belegt (Reimer et al. 2015; Kluge et al. 2016), die folgenden Aspekte Berücksichtigung finden:

- **Vermittlung von Wissen** über Vorgehen, Technik, Chancen und Risiken zu Tiefer Geothermie in der Bevölkerung (lokal und überregional) als Voraussetzung für eine sachliche Diskussion.
- **Aufbau von Vertrauen** durch Information und kontinuierliche Kommunikation zwischen Betreibern, Medien, Politik, Behörden, Bürgern, Anwohnern und Bürgerinitiativen sowie Einbezug der Bürger. Hierbei ist es von hoher Bedeutung, auch die negativen Aspekte und Risiken nicht zu verschweigen.
- **Transparentes Handeln** durch aktive kontinuierliche Information und Einbezug der betroffenen Akteure bezüglich aller – sowohl der positiven wie auch der negativen – Aspekte im Sinne einer offenen Kommunikation.

Das übergeordnete Ziel „Akzeptanz Tiefer Geothermie" des Kommunikationskonzepts muss im Anwendungsfall für das lokale Geothermie-Projekt konkretisiert werden.

© Springer Fachmedien Wiesbaden GmbH 2017
A. Borg und M.J. Bauer, *TIGER – Kommunikationskonzept Tiefe Geothermie*, essentials, DOI 10.1007/978-3-658-18500-8_3

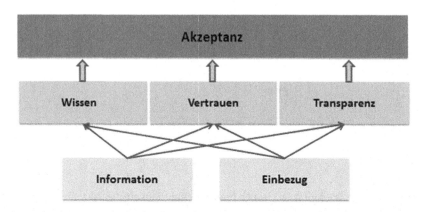

Abb. 3.1 Der Weg zur Akzeptanz. (Kluge et al. 2015)

Grundsätze erfolgreicher Projekt-Kommunikation

4

Aktivtäten zur Kommunikation sollten übergeordneten Gesetzmäßigkeiten folgen, um eine nachhaltig positive Wirkung entfalten zu können. Dazu zählen insbesondere:

- **Kommunikation als unverzichtbarer Bestandteil des Projektmanagements verstehen.** Dafür sollte ein entsprechendes Kommunikationsbudget (Vorschlag: 0,5 bis 1 % der Investitionssumme) eingeplant werden.
- **Formulierung einer griffigen Projektstory.** Die Story legt schlüssig die Motivation, Umstände, Perspektiven und Vorteile des (Teil-)Projektes dar.
- Die Etablierung eines **persönlichen Kommunikators als „Gesicht" des Projektes:** Ein fester, vor Ort präsenter Ansprechpartner für die Öffentlichkeit bzw. die Medien als wesentlicher Faktor für die positive Wahrnehmung des Projektes.
- **Feste Kommunikationswege in Richtung Medien und Öffentlichkeit.** Kommunikation ist kein anlassbezogenes Ereignis, sondern ein kontinuierlicher Prozess der persönlichen Vertrauensbildung. Dies umfasst im Rahmen der Regelkommunikation (d. i. kontinuierliche Kommunikation) den Aufbau und die regelmäßige Kontaktpflege zu Medien und lokalpolitischen Entscheidungsträgern (Kap. 10).
- Professionelles Kommunikationsmanagement und **frühzeitige Festlegung öffentlichkeitsrelevanter Kommunikationsanlässe.** In der Regel leiten sich diese Anlässe z. B. von den Meilensteinen eines Projektes oder lokalen und gesellschaftlichen Ereignissen ab (Abschn. 10.2 und 10.3).
- Weiterhin gilt es, für den Fall von unvorhergesehenen **Krisenereignissen,** intern im Vorfeld grundsätzliche entsprechende **organisatorische wie kommunikative Vorsorge zu treffen (Risikokommunikation).** Dies schließt

© Springer Fachmedien Wiesbaden GmbH 2017
A. Borg und M.J. Bauer, *TIGER – Kommunikationskonzept Tiefe Geothermie*, essentials, DOI 10.1007/978-3-658-18500-8_4

Verhaltenskataloge und Ablaufpläne ebenso mit ein, wie die Erstellung soge-
nannter „Dark Sites" mit vorbereiteten und schnell aktualisierbaren Informationen für die eigene Website (Kap. 11).

- Schließlich sollte der Betreiber dem **Medienmonitoring** verstärkte Aufmerksamkeit schenken. Ein Monitoring stellt sicher, dass Meinungsveränderungen
in den Medien (insbesondere den Social Media) bzw. der Öffentlichkeit (Bürgerinitiativen) rechtzeitig erkannt werden. Diese Aufgabe lässt sich an darauf
spezialisierte Agenturen bzw. PR-Berater delegieren (Kap. 13).

Grundvoraussetzung für Unterstützung und Akzeptanz eines lokalen Geothermie-Projektes durch die Öffentlichkeit ist es, den Sinn eines solchen Projektes
für die Öffentlichkeit nachvollziehbar zu machen. In einer Projektstory werden
klar und schlüssig die Motivation, die Umstände, die Perspektiven und die Chancen des Projektes erläutert. Die Projektstory ist somit eine besondere Form einer
Geschichte, die möglichst anschaulich und nachvollziehbar den Hintergrund und
Kontext eines Projektes darstellt und die Argumente wiedergibt, die der Projektidee zugrunde liegen. Damit beschreibt die Projektstory die Position des Betreibers, liefert den Begründungszusammenhang und beantwortet Fragen, wie:

- Warum gibt es das Projekt?
- Wozu dient das Projekt?
- Warum soll die Projektidee an dem jeweiligen Ort realisiert werden?

Die daraus abzuleitenden spezifischen Kernbotschaften beschreiben aus Sicht
des jeweiligen Betreibers bzw. der Institution neben dem wirtschaftlichen Sinn
des Projektes, auch den Bezug zur Region (z. B. regionaler Klimaschutz, Steu-
ereinnahmen usw.). Aus den Inhalten der Projektstory lässt sich über die gesamte
Projektlaufzeit eine Reihe von Themen für die kontinuierliche Kommunikation
(Regelkommunikation) ableiten. Umgekehrt sollte auch bei allen kommunikativen Aktivitäten auf diese Projektstory zurückgegriffen werden, da sie das „Herz"
des Projektes beschreibt. Durch die Projektstory werden somit die Positionie-
rung der Geschäftsführung, die Identität und die Corporate Identity des Projektes
ausgedrückt. Entscheidend ist, dass die Projektstory das Vorhaben auch zu anderen Projekten abgrenzt und über die Zeit konstant ist. Hieraus kann das visuelle
Erscheinungsbild, also das Corporate Design wie Logos, Farben, Illustrationen
etc. abgeleitet werden.

Wer kommuniziert: Die Absender 5

Wesentlich für den Erfolg von Kommunikation ist der Absender der Botschaft. Absender sind z. B. Unternehmen, Institutionen oder Betreiber – in den meisten Fällen durch die Person des Geschäftsführers etc. vertreten. Dieser ist das „Gesicht" des Projektes nach außen und schafft die lokale Identität des Projektes. Die Wahrnehmung und damit letztlich die lokale Akzeptanz richten sich maßgeblich an dessen kommunikativem Verhalten aus. Wie in den Grundsätzen (Kap. 4) dargelegt, sollte die Kommunikation grundsätzlich von einem festen Ansprechpartner vor Ort geführt werden. Hierbei ist darauf zu achten, dass dieser auch einen Bezug zu den lokalen Besonderheiten und Charakteristika hat. Wesentliche Kriterien sind dabei:

- Sensibilität für lokale Zusammenhänge und Besonderheiten,
- Präsenz vor Ort,
- regelmäßige Kontaktpflege mit Anwohnern, Lokalpolitik, Vereinen etc.

5.1 Wer soll informieren?

Im Sinne der transparenten Information ist es von großer Bedeutung, dass die Botschaften eine hohe Glaubwürdigkeit besitzen. Die Person des Informierenden hängt eng mit der wahrgenommenen Glaubwürdigkeit der Information zusammen. Dabei spielen insbesondere die Sachkenntnis (Erfahrung, Position und soziale Ähnlichkeit zum Empfänger) und Vertrauenswürdigkeit (Ehrlichkeit und Aufrichtigkeit) eine entscheidende Rolle (Hoveland et al. 1953). Informationen werden insbesondere durch externe Experten oder alternativ durch unabhängige Journalisten gewünscht (Kluge et al. 2016). In der Wahrnehmung der Bevölkerung bieten

© Springer Fachmedien Wiesbaden GmbH 2017
A. Borg und M.J. Bauer, *TIGER – Kommunikationskonzept Tiefe Geothermie*, essentials, DOI 10.1007/978-3-658-18500-8_5

diese eine objektive Sicht aus übergeordneter Perspektive auf das lokale Projekt. Aber auch Informationen vom Geschäftsführer der Betreibergesellschaft und der lokalen Politik werden gewünscht, insbesondere was Detailinformationen über den Projektstand sowie die Aspekte der Wirtschaftlichkeit angeht. Pressesprecher der Betreiberfirma werden zur Information im Vergleich am wenigsten geschätzt (Kluge et al. 2016). Insbesondre ist die Person des Geschäftsführers von zentraler Bedeutung für die Akzeptanz des Projektes in der lokalen Öffentlichkeit. Wenn dieser offen und aktiv kommuniziert, kommt dies dem gesamten Ansehen und der Akzeptanz des Projektes zugute. Hinzu kommt, dass die Geschäftsführung bei kleinen Betriebsgrößen in vielen Fällen das Projekt als „Gesicht" nach außen direkt vertritt.

Dabei besteht ein Zusammenhang zwischen der Art der Information und der Person. Wichtig ist hierbei den richtigen „Mix" zu wählen. So sind insbesondere in den frühen Phasen – in der Vorbereitung und Erkundung des Projektes – objektive Informationen im Sinne einer Wissensvermittlung durch externe Experten mit hoher Sachkenntnis ein wichtiges Element. Sobald dagegen Informationen über den Fortgang oder spezifische, an die lokale Anlage geknüpfte Informationen gegeben werden, ist die Geschäftsführung als Absender selbst gefordert.

Auch das private soziale Umfeld, also Freunde und Bekannte, spielen eine wichtige Rolle als Informationsträger (Kluge et al. 2016). Umso bedeutsamer ist es somit aus kommunikativer Sicht, Wissen über Tiefe Geothermie im Allgemeinen zu schaffen und das lokale Projekt bei der lokalen Bevölkerung bekannt zu machen, um hier den Menschen eine objektive Diskussionsgrundlage zu bieten und letztlich auch über kritische Inhalte auf Augenhöhe diskutieren zu können.

Wer wird angesprochen: Die Zielgruppen

6

Die Zielgruppen sind die Empfänger der Kommunikation. Mit der Bestimmung der Zielgruppen wird die Ausrichtung des Kommunikationskonzepts festgelegt. Hierbei wird unterschieden zwischen **Mittlern** und **Empfängern.** Mittler – beispielsweise Journalisten – geben die Botschaften des Vorhabens an die Endzielgruppe weiter. Klassischerweise übernehmen Medien (Print, Hörfunk, TV, Internet) diese Funktion. Empfänger sind diejenigen, die durch die Botschaft informiert werden sollen, etwa die Bevölkerung vor Ort. Für alle Empfängergruppen gilt, dass die Kommunikation sowohl inhaltlich (z. B. fachliche Tiefe) als auch sprachlich (z. B. Komplexität, Dialekt) entsprechend an die Zielgruppe angepasst werden muss.

6.1   Mittler

Die Mittler sind nicht die direkten Empfänger der Kommunikation, aber durch ihre Funktion der Weiterverbreitung und Multiplikation der Informationen von entscheidender Bedeutung. Mittler erhalten die Informationen und Botschaften der Absender und entscheiden darüber, ob und wie sie diese über ihre Kanäle verbreiten. Eine Mittlerfunktion übernehmen auch Multiplikatoren aus Politik, Wirtschaft, Wissenschaft und Gesellschaft. Im Einzelnen treten folgende Mittler auf:

Mediale Multiplikatoren:

- Journalisten lokaler/regionaler Medien (Print, Hörfunk, TV)
- Journalisten überregionaler Medien (Print, Hörfunk, TV)

© Springer Fachmedien Wiesbaden GmbH 2017
A. Borg und M.J. Bauer, *TIGER – Kommunikationskonzept*
Tiefe Geothermie, essentials, DOI 10.1007/978-3-658-18500-8_6

- Journalisten von Fachmedien (Fachzeitschriften, Hörfunk und TV-Formate)
- Online-Medien

Politische Multiplikatoren:

- Lokalpolitiker (Bürgermeister, Gemeinderat, Ortsvorsteher, Landrat, Kreistag, Bezirksversammlungen, lokale Parteienlandschaft)
- Politiker (Ämter, Ministerien, staatliche Institutionen MdL, MdB, MdEP, zuständige Bundes-/Landesfachminister)

Gesellschaftliche Multiplikatoren:

- Überregionale und lokale Vereine (Feuerwehr, THW, DRK, Umweltvereine usw.)
- Verbände
- Bürgerinitiativen
- Behörden (Bergämter)
- Gemeindeverwaltungen
- Meinungsführer[1]
- Unabhängige (wissenschaftliche) Experten

6.2   Empfänger

Die Empfänger stellen für Betreiber die Kernzielgruppe der Kommunikation dar und sind die direkten Adressaten der Botschaften. Die Botschaften richten sich maßgeblich an der Empfängerzielgruppe aus – dies betrifft weniger den inhaltlichen Fokus (Kap. 9) als die Gestaltung und Ausformulierung der Botschaft. Als Empfänger gelten:

---

[1]Meinungsführer können einen relativ großen Einfluss auf die Entscheidungen ihrer Mitmenschen ausüben. Sie existieren in allen Berufsgruppen und sozioökonomischen Schichten. Sie werden von Gruppenmitgliedern nach ihrer Meinung gefragt, geben Ratschläge und Informationen. Meinungsführer sind im Allgemeinen kontaktfreudige Personen, die viele soziale Kontakte pflegen. (Jäckel 2007, S. 111–125).

Bevölkerung:

- Direkte/unmittelbar betroffene Anwohner
- Lokale Bevölkerung
- Bürgerinitiativen/Interessenverbände
- Allgemeine Öffentlichkeit

Gesellschaft:

- Regionale/lokale Vereine (Feuerwehr, Sportvereine etc.)
- Branchenverbände, Umweltverbände

Politik:

- Lokalpolitik (Bürgermeister, Gemeinderäte, Ortsvorsteher)
- Landespolitiker (Ministerien)

Wirtschaft:

- Lokale Unternehmen (Handel, Industrie, Handwerk)

Die Zielgruppen können über unterschiedliche Kommunikationskanäle erreicht werden, wobei die Auswahl des Kanals sich sowohl an der Zielgruppe als auch an den spezifischen Zielen des Senders orientiert.

6.3 Exkurs: Regionale Aspekte

Neben den Eigenschaften der Zielgruppe der Empfänger sind bei der Öffentlichkeitsarbeit unbedingt die regionalen Aspekte zu beachten. So zeigen sich in Blogartikeln regionale Unterschiede in der Bewertung der Geothermie (Trevisan et al. 2013). Um eine hohe Wirksamkeit der kommunikativen Aktivtäten zu erreichen, ist es damit von Bedeutung, auch die regionalen Besonderheiten – den Lokalkolorit – mit einzubeziehen. Dies betrifft die Planung von Veranstaltungen, die Wahl der Begrifflichkeiten und die Verwendung von Sprache (z. B. Dialekt). So sind z. B. in den pfälzischen Weinregionen andere Themen zu fokussieren als in Bayern oder in Norddeutschland. Ein weiterer wichtiger Einflussfaktor für die Öffentlichkeitsarbeit ist, ob das Projekt im ländlichen oder im städtischen Raum angesiedelt ist.

Wie wird informiert: Kommunikationskanäle

7

Der Kommunikationskanal ist das Medium, das zur Übermittlung der Botschaften an den Empfänger verwendet wird. Aus Sicht der (lokalen) Bevölkerung sind die bevorzugten Kommunikationskanäle vor allem Zeitungsartikel in der lokalen Presse, aber auch Flyer und Informationsbroschüren. Obligatorisch wird eine aktuelle Website des Projektes erwartet, auch inoffizielle Medien (wie etwa Kirchenbriefe) werden als wichtig erachtet. Des Weiteren werden Apps für Smartphones sowie klassische Plakatwerbung als Informationskanäle genannt (Kluge et al. 2015; Kluge et al. 2016).

Bei der Wahl des bevorzugten Kommunikationskanals spielt, wie in Abb. 7.1 ersichtlich, das Alter der Empfänger eine Rolle: Personen unter 25 Jahren bevorzugen Online-Medien, wohingegen bei älteren Zielgruppen (über 35 Jahre) besonders Fachleute und wissenschaftliche Studien eine hohe Glaubwürdigkeit besitzen. Printmedien wie Informationsbroschüren und Flyer sind für die ältere Zielgruppe, also die über 35-Jährigen, die bevorzugte Informationsart (vgl. Kluge et al. 2016).

7.1 Zeitungen und Zeitschriften

Um Inhalte und Informationen an die breite Öffentlichkeit zu transportieren, sind Zeitungen und Zeitschriften gut geeignet. Aufgrund ihrer wahrgenommenen Objektivität sind diese nach wie vor das bevorzugte Informationsmedium in der Bevölkerung. Zeitungen und Zeitschriften unterscheiden sich in erster Linie durch Reichweite und Zielgruppe. Zu nennen sind hier:

© Springer Fachmedien Wiesbaden GmbH 2017
A. Borg und M.J. Bauer, *TIGER – Kommunikationskonzept
Tiefe Geothermie*, essentials, DOI 10.1007/978-3-658-18500-8_7

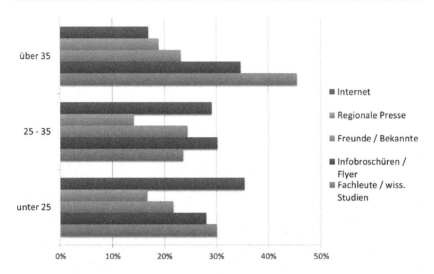

Abb. 7.1 Bevorzugter Kommunikationskanal in Abhängigkeit vom Alter. (Kluge et al. 2016)

- **Nachrichtenagenturen** sind für die weite Verbreitung von wichtigen Informationen sehr gut geeignet, da sie von den Tageszeitungen und Online-Portalen vielfach als Primärquelle genutzt werden.
- **Fachzeitschriften** aus dem Energieumfeld haben eine klar definierte Zielgruppe (Experten), die allerdings sehr klein ist und meist nicht den regionalen Markt abdeckt.
- **Überregionale Zeitungen** haben eine große Auflage und Reichweite und greifen Themen mit überregionaler Bedeutung auf.
- **Lokale/Regionale** Zeitungen haben eine geringere Auflage und erreichen direkt die definierte Zielgruppe der lokalen Bevölkerung und Anwohner. Lokalzeitungen bilden das gesamte politische, gesellschaftliche und wirtschaftliche Geschehen im Lebensumfeld der örtlichen Bevölkerung ab.
- **Anzeigenblätter** sind ebenfalls für die lokale Berichterstattung wichtig, da sie im Verbreitungsgebiet alle Haushalte abdecken (im Gegensatz zu kostenpflichtigen Tageszeitungen).

Zu beachten ist, dass Inhalte in den veröffentlichten Artikeln nicht eins zu eins übernommen werden. Journalisten verarbeiten eine Vielzahl von Informationen zu einem Themengebiet, in das unter anderem auch die Botschaft des Senders aus dem Geothermie-Vorhaben mit einfließt. Günstig, um hier gute Erfolge zu erzielen, sind Pressemitteilungen, die bei entsprechender Qualität von den Medien aufgegriffen werden.

Aktiv im Sinne einer direkten bzw. ungefilterten Botschaftsvermittlung können nen als Kommunikationskanal darüber hinaus folgende Möglichkeiten der Printmedien genutzt werden:

- **Anzeigen** in Tageszeitung bzw. Anzeigenblatt eignen sich vor allem für den Erstkontakt von Uninformierten.
- **Zeitungs-Beilagen** erreichen passiv Interessierte, wirken auf die übrigen Nutzer eher störend. Hier ist mit hohen Streuverlusten zu rechnen.

7.2   Hörfunk und Fernsehen

Hörfunk und Fernsehen sollten als wichtige Informationsmedien berücksichtigt werden. Vor allem regionale Hörfunksender haben eine breite lokale Abdeckung und erreichen als Begleitmedien vor allem Hörer mittleren Alters. Auch regionale Fernsehsender oder die Regionalprogramme überregionaler Sender sind analog zu den Lokalausgaben von Printmedien wichtige Kommunikationskanäle. Entsprechend gilt hier wie bei Zeitschriften und Zeitungen, dass in der Mehrzahl der Fälle die Information nicht direkt übernommen wird und über Mittler gegangen werden muss.

7.3   Exkurs: Umgang mit Medien

Unternehmen ist eine aktive Pressearbeit dringend anzuraten. Restriktive Informationspolitik bedeutet, dass Unternehmen kaum aktiven Einfluss darauf nehmen, wie sie in der Öffentlichkeit gesehen werden. Die Möglichkeit der Setzung eigener Schwerpunkte und Themen ("Agenda Setting") in den Medien wird unnötig vernachlässigt.

Journalisten sind von Berufs wegen Generalisten – ihre Aufgabe ist es, sich in kurzer Zeit in verschiedenste Themen, meist ohne fachspezifisches Hintergrundwissen, einzuarbeiten und den Empfängern allgemeinverständlich darüber zu berichten. In der Regel werden bei der Berichterstattung Vergleiche zur Lebenswelt der Empfänger gesucht, um Neuerungen plastisch und greifbar zu machen.

Kontaktpflege mit Medienvertretern. Im Sinne einer kontinuierlichen Kommunikation sollte bei der Pressearbeit auf einen regelmäßigen, persönlichen Austausch mit journalistischen Kontaktpersonen bei den Medien Wert gelegt werden. Eine Selbstverständlichkeit für Journalisten ist der Quellenschutz: Erhalten Journalisten Informationen im Vertrauen, so werden sie den Namen ihrer Kontaktpersonen nicht nennen. Beim persönlichen Umgang mit Medienvertretern empfiehlt es sich, die gesellschaftlichen Umgangsformen zu beachten, wie Pünktlichkeit, Sauberkeit der Räumlichkeiten, höflicher Umgang, gute Vorbereitung und das Einhalten von Zusagen.

Zeitpunkt und Relevanz von Informationen. Geläufige Medienpraxis ist, Geschehnisse anzukündigen. Dies ist für den Empfänger immer interessanter, als erst danach in Kenntnis gesetzt zu werden. Vorab-Informationen erleichtern Journalisten die Planung ihrer Arbeitszeit, steigert die Chance auf eine persönliche Anwesenheit von Medienvertretern oder Pressefotografen und auf eine Platzierung im jeweiligen Medium. Insbesondere in Print-Medien ist es üblich, dass die Vorab-Berichterstattung merklich größer ausfallen kann, als die Nachberichterstattung. Informationen müssen neu, wichtig oder interessant sein, um den eigenen Lesern/Hörern/Sehern übermittelt zu werden:

- **Neu** ist alles, was erstmals passiert – etwa die grundsätzliche Projektidee, die Bau- und Planungsfortschritte des Geothermie-Vorhabens, die Einreichung und Erteilung von Genehmigungen, das Richtfest, die Einweihungsfeier, die ersten „runden" Zahlen eingespeister Energie etc.
- **Wichtig** ist alles, was der Orientierung dient – etwa der frühzeitige Hinweis auf absehbare Staus durch den Ausbau des Fernwärmenetzes oder Lärm und vermehrter Baustellenverkehr bei der Bohrung. Auch Politiker-Besuche zählen dazu.
- **Interessant** sind meist „weiche" Neuigkeiten. Dazu zählen beispielsweise Besuchergruppen der örtlichen Bevölkerung, Tiere auf dem Baustellengelände, seltene geologische Formationen im Bohrloch, humorvolle Geschehnisse oder auch die Hobbys sowie das soziale Engagement der projektverantwortlichen Personen.

Nicht jede Information ist für jedes Medium oder jeden dort arbeitenden Journalisten gleich relevant. Wirtschaftliche Inhalte wie etwa Geschäftszahlen werden eher bei der Wirtschaftsredaktion Beachtung finden, kommunalplanerische Aspekte wie Bau-Anfragen oder der Ausbau des Wärmenetzes eher bei der Lokalredaktion. Eine entsprechende Pflege des Adressverteilers empfiehlt sich.

Bildmaterial. An das selbst produzierte oder zur Verfügung gestellte Bildmaterial sind strenge Qualitätsanforderungen zu stellen – Fotos und Grafiken sind das Bild, welches das Geothermie-Unternehmen selbst von sich abgibt. Bildmaterial muss am besten rechtefrei und kostenlos zur Verfügung gestellt werden. Falls das nicht möglich ist, ist explizit darauf hinzuweisen. Die Beauftragung eines professionellen Fotografen für die Erstellung einer Grundausstattung an Motiven von Geschäftsführung sowie Projektgelände und gegeben falls den Firmengebäuden ist anzuraten. Grundsätzlich ist zu beachten:

- Geothermie-Anlagen sollten bei gutem Wetter fotografiert werden, spektakulär sind auch Abend- oder Nachtaufnahmen gut ausgeleuchteter Bohrstellen.
- Die Gebäude dürfen dem Betrachter perspektivisch nicht „entgegenkippen". Rotweiß-Absperrbänder wirken provisorisch und bedrohlich und sind somit dringend zu vermeiden – insbesondere bei Anlagen, die bereits in Betrieb sind.
- Zweideutige Details auf den Fotos sind absolut tabu. Dazu zählen beispielsweise Fotos mit Kirchturmuhren deren Zeiger kurz vor 12 Uhr steht, große schwarze Vögel auf der Geothermie-Anlage, graue Wolkenformationen über der Anlage, vom Regen fleckige Fassaden sowie Schneematsch, Pfützen, rostige Bohrkronen, Müll und Unrat auf dem Betriebsgelände.
- Personen müssen auf Fotos einen sympathischen und vertrauenswürdigen Eindruck erwecken. Arrogant wirkende Posen sind zu vermeiden, ebenso offensichtlich übertriebene Macht- und Distanz-Insignien wie Luxus-Autos, Zigarren oder imposante Schreibtische. Auch der jahrelange Klassiker, Geschäftsführer mit Telefon am Ohr abzulichten, ist überholt.
- Personen stehen nie vor Bilderrahmen, sonst droht optisch ein „Geweih-Effekt". Auch nach rechts abfallende Schrägen auf Krawatten oder auf Treppengeländern im Hintergrund sind zu vermeiden – sie stehen symbolisch für „Abstieg".

Pressemitteilungen sollten generell nicht am späten Nachmittag oder gar am Abend versendet werden. Zu dieser Zeit sind in allen Medien die Themen des Tages bereits gesetzt, Printmedien sind ab dem frühen Abend oft bereits im Druck. Es ist sinnvoll, in der Pressemitteilung einen Ansprechpartner zu benennen.

Pressekonferenzen sind dann anzusetzen, wenn es ein überregionales Interesse an einem Ereignis gibt. Dies ist beispielsweise der Fall, wenn ein Projekt erstmals der Öffentlichkeit vorgestellt wird. Haben sich TV-Sender und Radiostationen angekündigt, so sind ggf. technische Besonderheiten, etwa Licht, Tontechnik oder Strom zu berücksichtigen. Diese Medien haben ihre Spezifika, so nehmen Film- und Radio-Teams so genannte „O-Töne" (kurze Zitate) nach der eigentlichen Pressekonferenz auf. Die handelnden Personen müssen darauf eingestellt sein und etwas Zeit dafür einplanen. Insbesondere bei Filmteams ist auf den Hintergrund der Szene zu achten. Pressekonferenzen sollten nicht morgens um 8 Uhr angesetzt werden, völlig unüblich ist ein Termin am Wochenende. Eine Ausnahme bilden hier akute Krisenfälle.

Redaktionsschluss besteht bei Zeitungen in der Regel am frühen Mittag des Vortages, bei Monatsmagazinen oft bereits 7 bis 14 Tage vor Erscheinen des Heftes. Bis dahin müssen der Redaktion Texte und Fotos vollständig vorliegen, um eine Chance auf Veröffentlichung zu haben. Bei Tageszeitungen gibt es zudem meist einen personell klein besetzten Spätdienst, der auf wichtige aktuelle Ereignisse wie Wahlergebnisse oder Unfälle noch reagieren kann. Bei Online-Medien, TV-Stationen und Radio-Redaktionen besteht eine Art kontinuierlicher Redaktionsschluss – der jeweils relevante Endzeitpunkt ist meist die Nachrichtensendung zur vollen Stunde. Frühmorgens und abends arbeitet aber auch hier meist nur ein personell klein besetztes Team.

7.4 Internet

Menschen tauschen im geschützten Raum des Internets und dessen vermeintlicher Anonymität ihre Meinung weitaus offener aus, als dies über die konventionellen (Print-)Medien möglich ist (Turkle 1998; Trevisan et al. 2014; Reimer et al. 2014). Online-Tools, wie Blogs, Facebook etc. ermöglichen es – quasi in Echtzeit – selbst zum Inhalts-Produzenten zu werden. Somit wird jeder einzelne Nutzer einer Social-Media-Seite wichtig, weil jede negative Meinung im Internet weitaus häufiger weitergetragen wird als positive Meinungen. Dieser Kontrollverlust über die Inhalte bringt für die PR Chancen (Trevisan und Jakobs 2015) aber auch Gefahren: Kritische Einzelstimmen im Internet, etwa über ein vermeintlich durch Geothermie ausgelöstes Erdbeben, können sich schnell und unkontrolliert zu einer Welle der Empörung, einem sogenannten „Shitstorm", hochschaukeln. Andererseits bietet Social Media auch die Chance, als Unternehmen eigene Akzente durch sachliche Informationen auf Augenhöhe mit der Netz-Community zu setzen (Van Douwe und Trevisan 2015a, b).

Das Internet bietet eine gute Plattform, um Informationen an eine breite Zielgruppe zu streuen. Insbesondere Jüngere, bis 35 Jahre, bevorzugen dieses Medium zur Informationsvermittlung. Zu beachten ist hier, dass im Gegensatz, zum Beispiel zu Tageszeitungen, die Informationen aktiv vom Empfänger „gesucht" werden müssen. Was also nicht bekannt oder als uninteressant bzw. irrelevant für das eigene Lebensumfeld eingeschätzt wird, wird nicht aktiv „angeklickt". Eindeutiger Vorteil ist, dass hier die Botschaften ohne Mittlerpositionen direkt eingestellt werden können. Die folgenden Möglichkeiten können genutzt werden.

- **Projektwebsites** (des Betreibers oder der Institution) mit Darstellung des Projektes und aktuellen Informationen zu Projektinhalten, Fortschritten und Meilensteinen. Zu beachten ist hier eine einheitliche und auf Basis der Projektstory erstellte Darstellung.
- **Newsletter** bieten als moderne/elektronische Form der Kundenzeitschrift ein gutes Format. Auf der Projektwebsite kann eine Anmelde-Funktion für den Newsletter hinterlegt werden. In manchen Fällen ist es angebracht, den Newsletter zusätzlich auf Papier zu versenden, insbesondere in Regionen mit sehr vielen älteren Einwohnern. Der Übergang zu regelmäßigen Postwurfsendungen, Flyern und Broschüren ist dann fließend.
- **Social Media** insbesondere **Facebook** als interaktives Medium, ist für den Erstkontakt internetaffiner Zielgruppen geeignet. Gleichzeitig können hierdurch die jüngeren Zielgruppen an das Thema Tiefe Geothermie herangeführt werden (Abschn. 7.5).

7.5   Web 2.0 und Social Media

Aktuell werden die klassischen Printmedien zur Information bevorzugt aber es gilt zu beachten, dass sich die Aufmerksamkeit der Menschen von den etablierten Print- sowie den elektronischen Medien, Fernsehen und Hörfunk, kontinuierlich in Richtung Internet verschiebt. Dieser Entwicklung muss bei Kommunikationsaktivtäten Rechnung getragen werden. Vor diesem Hintergrund sollte neben einer obligatorischen Projektwebsite die Möglichkeiten einer Social-Media-Präsenz geprüft werden, z. B. bei Facebook. Facebook ist keine primäre Informationsplattform, sondern dient eher der Kontaktpflege. Die Plattform eignet sich als *ein* Element eines cross- und multimedialen Kommunikations- und Informationskonzeptes für Tiefe Geothermie, sollte aber (noch) nicht das zentrale Element darstellen (Wirtz-Brückner et al. 2015).

Bislang spielte das Thema Social Media in der Öffentlichkeitsarbeit der Geothermie-Betreiber nahezu keine Rolle. Das ist unter den gegebenen organisatorischen Rahmenbedingungen vernünftig, denn solange dem Thema allgemein sowie von Seiten der Unternehmen keine strategische Bedeutung beigemessen wird, kann sich eine nicht moderierte Facebook-Seite oder ein sich selbst überlassener Twitter-Account schnell zum Bumerang entwickeln. Der Besucher einer Fanpage erwartet als Gegenwert für seine „Sympathiebekundung" einen informationellen

Mehrwert vom Betreiber der Seite. Löst dieser die Erwartung nicht ein, wird die z. B. die Fanpage eines Betreibers bei Facebook nicht über ein Schattendasein hinauskommen. Damit werden potenziell wichtige Zielgruppen nicht oder nur sporadisch erreicht.

Beim Einsatz von Facebook sind in jedem Fall folgende mögliche Risiken zu beachten:

- Kontrollverlust über die Inhalte, da sich die Nutzer im geschützten Raum eher zu drastischen Kommentaren hinreißen lassen und Nachrichten aus dem Kontext herausgelöst in anderen Zusammenhängen weitergegeben werden.
- Gefahr des Imageverlustes für den Fall einer inadäquaten Reaktion auf kritische Äußerungen, bei veralteten oder falschen Informationen oder einseitiger und beschönigender Darstellung von Sachverhalten.
- „Shitstorm" bei unvorhergesehenen Ereignissen mit erheblicher Außenwirkung (z. B. seismisches Ereignis mit Schadenseintritt).

Entscheidet sich der Betreiber für den Einsatz von Social-Media-Plattformen sollten zuvor verbindliche, an der Projektstory ausgerichtete, Social-Media-Guidelines vorliegen mit Richtlinien für Inhalte, Formulierungen und dem Verhalten im Krisenfall. Weiterhin ist ein kontinuierliches Social-Media-Monitoring unabdingbar. Dazu gehört die Überwachung der Aktivitäten im eigenen Angebot ebenso wie die Aktivitäten in fremden Gruppen zum gleichen Thema. Eine Facebook-Seite oder ein Twitter-Account eines Geothermie-Betreibers sollten klaren strategischen Zielen folgen und professionell betreut werden. Facebook kann keinesfalls die klassische Pressearbeit ersetzen, sondern ist ein ergänzender Baustein einer multimedialen Kommunikation.

7.6   Print-Produkte, Flyer und Jahresberichte

Projektflyer und Informationsbroschüren sind nach den Zeitungsartikeln die bevorzugte Informationsart (Kluge et al. 2015), dies gilt insbesondere im ländlichen Raum. Diese erreichen eine breite lokale Zielgruppe und bieten die Möglichkeit zur Darstellung des eigenen Unternehmens z. B. beim Projektstart oder informieren über erreichte Meilensteinen und Projektphasen. Bei der Erstellung ist zu beachten, dass, wie bei der Projektwebsite, eine einheitliche zu der sonstigen Außendarstellung passende sowie auf Basis der Projektstory aufbauende Darstellung erfolgt. Ausführlicher kann eine Darstellung über Jahresberichte erfolgen. Diese sind auch für die Medien interessant und Aushängeschilder der Unternehmen.

7.7 Weitere Kommunikationskanäle

Neben den oben genannten klassischen Instrumenten der Presse- und Öffentlichkeitsarbeit spielt insbesondere vor dem Hintergrund der transparenten Kommunikation die aktive Einbindung der Menschen vor Ort eine bedeutende Rolle (siehe auch Abschn. 12.2). Menschen vor Ort möchten aktiv in die Entstehung und Entwicklung des lokalen Tiefe-Geothermie-Projektes einbezogen werden (Kluge et al. 2015, 2016). Hierzu bieten interaktive Kommunikationsforen, wie z. B. ein lokaler Geothermie-Stammtisch eine gute Möglichkeit. So ist ein „runder Tisch" zur Diskussion mit Projektverantwortlichen und der Möglichkeit zur aktiven Mitgestaltung ein wichtiges Instrument zur transparenten Kommunikation. Auch Informationsveranstaltungen z. B. bei Meilensteinen des Projektes sind deutlich erwünscht. Bürger wollen sich bei aktiven Formen der Information in die Diskussion einbringen, um ihre Meinung zu äußern. Tage der offenen Tür sind neben der Informationsvermittlung für die Imagebildung gegenüber der allgemeinen Öffentlichkeit von Bedeutung. Touren zu bereits bestehenden Geothermie-Anlagen eignen sich als vertrauensbildende Maßnahme im Zusammenhang mit der Information über technische Abläufe und Funktionsweisen. Mit dem Angebot eines Bürgertelefons kann darüber hinaus ein kontinuierlicher Kontakt zur Öffentlichkeit angeboten werden (vgl. Kluge et al. 2016).

Kommunikationsziele der Absender und Zielgruppe

8

Das inhaltliche Ziel der Kommunikation und der kommunikativen Aktivitäten ist abhängig vom Sender und der Zielgruppe zu formulieren. Die aus der Projektstory abzuleitenden Ziele müssen sowohl passend zur jeweiligen Zielgruppe als auch passend zum Sender formuliert werden, um wirksam zu werden und damit das übergeordnete Ziel der Akzeptanz zu erreichen. Mit den Kommunikationszielen wird somit die Frage beantwortet, *was* bei den Zielgruppen (Absender selbst, Empfänger oder Mittler) durch die kommunikativen Aktivitäten *erreicht werden soll*.

Absenderziele sind die inhaltlichen Ziele der Kommunikation und Öffentlichkeitsarbeit des Absenders (Betreiber, Investoren und Institutionen), kurz: Was soll durch die strategische Kommunikation aus Sicht der Absender erreicht werden. Diese können sein:

- Information der lokalen Bevölkerung über Abläufe, Vorgehen, Chancen und Risiken.
- Transparenz im Umgang mit der Öffentlichkeit.
- Schaffung einer vertrauensvollen Zusammenarbeit mit Presse, Medien, Politik und Behörden.
- Offener Umgang und Dialog mit Bürgerinitiativen und Umweltverbänden.
- Integration von Meinungsführern: Betroffene, aktive Gegner, Tiefe Geothermie-Unternehmen und Investoren agieren auf Augenhöhe.
- Ergebnisoffene Bürgerbeteiligung: Austausch über kontroverse Themen, Erarbeitung von tragfähigen Kompromissen.
- Vertrauensvolle Zusammenarbeit von Betreibern mit Medien, Politik, Behörden, Trägern öffentlicher Belange und Bürgerinitiativen (auch bei krisenhaften Ereignissen).
- Einbindung der Träger öffentlicher Belange (TÖB) als wichtige Mittler und Kommunikatoren: Bürgermeister, Gemeinderat, Feuerwehr, THW, Behörden.

© Springer Fachmedien Wiesbaden GmbH 2017
A. Borg und M.J. Bauer, *TIGER – Kommunikationskonzept*
Tiefe Geothermie, essentials, DOI 10.1007/978-3-658-18500-8_8

Die inhaltlichen Ziele der Kommunikation bezüglich Akzeptanz bei den direkten **Empfängern,** also was an die Zielgruppe vermittelt werden soll, sind:

- Vermittlung von Wissen über Geothermie, wie etwa über die Funktionsweise der Technik, die Unterschiede zwischen Oberflächennaher und Tiefer Geothermie etc.
- Vertrauen in Geothermie als erneuerbare, „grüne" Energie schaffen.
- Darstellung der Tiefen Geothermie als ein Baustein der Energiewende neben anderen Erneuerbaren Energien.
- Eine Einstellungsveränderung in Bezug auf die Angst vor Erdbeben, unkalkulierbaren Kosten und unbekannten Risiken. Treten diese Veränderungen ein, wird auch den Aktivitäten von Gegnern die Grundlage entzogen, weil damit gleichzeitig deren Anspruch auf Meinungsführerschaft in Frage gestellt wird.
- Akzeptanz für das lokale Geothermie-Projekt. Es zeigt sich, dass gerade die Lokalpolitik sehr sensibel auf negative Ereignisse reagiert und ihrerseits einen entscheidenden Einfluss auf das Meinungsbild vor Ort hat. Andererseits wird die Politik das positive Image einer umweltfreundlichen Technologie unterstützen, so lange sie selbst einen Nutzen daraus ziehen kann.
- Positive Resonanz auf Veranstaltungsangebote des Unternehmens (z. B. Tag der offenen Tür, Info-Veranstaltungen, Bürgerbeteiligung).
- Offenheit der Bevölkerung auch für finanzielle Beteiligungsmodelle von Investoren. Im Bereich Windkraft sind Energiegenossenschaften ein Erfolgsfaktor für die Akzeptanz vor Ort. Bislang werden Beteiligungsmodelle für Geothermie-Anlagen nur vereinzelt angeboten.

Gegenüber den **Medien (Mittler)** werden folgende inhaltliche Kommunikationsziele angestrebt:

- Ausgewogene Medienberichterstattung über Geothermie. Bislang konzentriert sich die Medienberichterstattung überwiegend auf Negativereignisse im Zusammenhang mit Tiefer Geothermie. Alternative und positive Botschaften erreichen den Empfänger somit wenig. Hier sollte durch aktive Medienarbeit, wie z. B. Hinweise an die Presse über erreichte Meilensteine im Projekt und Positivereignisse durch Pressemitteilung, gegengesteuert werden. Betreiber können mit einer aktiven, transparenten und kontinuierlichen Kommunikation mit den Medien ihr Bild in der Öffentlichkeit positiv beeinflussen.
- Die Medien nehmen Branchenverbände der Geothermie als gleichrangige Interessenvertreter im Vergleich zu anderen Branchenverbänden von Erneuerbaren Energien wahr. Das hat zur Folge, dass die Äußerungen von Verbänden im Prozess der öffentlichen Meinungsbildung über Tiefe Geothermie zunehmend gefragt und als wichtig eingeschätzt werden.

Kernbotschaften

9

Mithilfe der Kernbotschaften werden die oben aufgeführten Kommunikationsziele zu den jeweiligen Empfängergruppen transportiert und damit die Inhalte der Kommunikation bzw. die zentrale Botschaft festgelegt. In den Kernbotschaften werden einerseits die in der SWOT-Analyse erarbeiteten Inhalte – insbesondere die Chancen und auch die Risiken – aufgegriffen. Tiefe Geothermie wird zwar insgesamt als „grüne Energie", nicht aber als Erneuerbare Energie, wie etwa Wind- oder Solarenergie wahrgenommen (Reimer et al. 2015; Kowalewski et al. 2014; Kluge et al. 2015). Hier sollte vertiefend informiert werden, dass es sich bei Geothermie um eine Erneuerbare Energieform handelt, um die gesellschaftliche positive Konnotation der „Erneuerbaren" auf die Geothermie zu übertragen. Deutlich wurde, dass Grundwissen über technische, ökologische und wirtschaftliche Inhalte der Tiefen Geothermie in der Bevölkerung kaum vorhanden ist. Zentral ist, dass die Risiken Tiefer Geothermie nicht verschwiegen und die Nachteile offengelegt werden (Kluge et al. 2015). Wie in Abb. 9.2 deutlich wird, zeigt sich, dass wohl aufgrund des eher geringen Wissens über Tiefe Geothermie weniger konkrete Ängste benannt werden, sondern allgemein von „unbekannten Risiken" – nach den Nachteilen gefragt – gesprochen wird (Kluge et al. 2015). In Abb. 9.1 und 9.2 sind die Nennungen von Vor- und Nachteilen bezüglich Tiefer Geothermie in Form von Wortwolken abgebildet, wobei die Größe des Wortes die Häufigkeit der Nennung zeigt.

© Springer Fachmedien Wiesbaden GmbH 2017
A. Borg und M.J. Bauer, *TIGER – Kommunikationskonzept Tiefe Geothermie*, essentials, DOI 10.1007/978-3-658-18500-8_9

Abb. 9.1 Vorteile Tiefer Geothermie – Nennungshäufigkeiten (Kluge et al. 2015)

Eigentumsschäden
kleineNachhaltigkeit **Erdbeben**Grundwassergefährdung
Lärm
Kosten**unbekannteRisiken**

Abb. 9.2 Nachteile Tiefer Geothermie – Nennungshäufigkeiten. (Kluge et al. 2015)

Kernbotschaften Tiefer Geothermie-Projekte

- Tiefe Geothermie ist eine Erneuerbare Energie wie Solar- und Windkraft.
- Tiefe Geothermie ist eine grüne und klimafreundliche Energiegewinnungsform.
- Tiefe Geothermie schafft regionale Wertschöpfung.
- Tiefe Geothermie ermöglicht regionale Energieautarkie.
- Tiefe Geothermie ist technische Innovation.
- Tiefe Geothermie birgt neben den Chancen auch Risiken – ein offener Umgang ist unabdingbar.

In Abschn. 15.2 sind zu den jeweiligen Kernbotschaften zusätzliche Argumente aufgeführt, die Verwendung finden können. Darüber hinaus sind die unternehmensspezifischen und regionalen Besonderheiten zu ergänzen und zu beachten.

Neben der Positivargumentation in den Kernbotschaften dürfen Risiken im Sinne einer transparenten Kommunikation nicht verschwiegen werden (vgl. Kowalewski et al. 2014; Kluge et al 2016). Damit müssen Betreiber, Investoren und Institutionen in ihrer Kommunikation auch mit kritischen Aspekten offen umgehen. Zentrale Themen in der Argumentation kritischer Bürger und Gruppen, z. B. von Bürgerinitiativen, sind Erdbeben und ökologische Auswirkungen (z. B. Grundwassergefährdung), aber auch die Kosten der Geothermie. Bei reiner

Stromerzeugung können auch der für den Laien niedrig wirkende Stromwirkungsgrad und der Vorwurf des Einsatzes von Atomstrom zu offenen Flanken werden. Auch der Vorwurf, dass Geothermie bezogen auf die Anlagenleistung keinen geringen Flächenverbrauch habe, kann kritische Ansatzpunkte für Gegner bieten. In diesen Themen drücken sich die Sorgen der Bürger aus, entsprechend sollten diese sehr ernst genommen werden und sowohl in der Konzeption der Kommunikation als auch im Austausch mit Anwohnern und Bevölkerung Berücksichtigung finden. Eine Auswahl an kritischen Themen ist im Abschn. 15.3 angefügt.

Regelkommunikation als Basis für Akzeptanz

10

Kern einer erfolgreichen Kommunikation ist die kontinuierliche Kommunikation und transparente Information (vgl. Kluge et al. 2016). Allgemein wird dies unter dem Begriff Regelkommunikation zusammengefasst. Kontinuierlich bedeutet hierbei, dass frühzeitig, also von Beginn des Projektes an, mit Kommunikation im Sinne von Information begonnen wird und diese über den gesamten Lebenszyklus in allen Projektphasen aufrechterhalten werden muss. Die kommunikativen Aktivitäten sind dabei an Meilensteine bzw. entlang der einzelnen Phasen und Teilphasen eines Tiefe-Geothermie-Projektes geknüpft, die auch als „Auslöser" für kommunikative Aktivitäten gelten.

10.1 Zeitpunkt und Häufigkeit von Informationen

Der geeignete Zeitpunkt der Information ist ein Erfolgskriterium. Menschen erwarten bereits ab der Phase der Vorplanung regelmäßige Informationen zum Projekt, also bereits vor dem Termin der seismischen Erkundung (z. B. Vibroseismik) (Kluge et al. 2016). Erstinformationen etwa mit Beginn der Bohrphase werden als eindeutig zu spät angesehen. Die Öffentlichkeit wünscht sich darüber hinaus regelmäßige Informationen durch die Betreiber und zwar unabhängig von aktuellen Ereignissen. Menschen möchten mindestens monatlich über den aktuellen Stand informiert werden. Ausnahmen stellen unvorhergesehene Ereignisse dar, die keinen zeitlichen Aufschub dulden. Ein monatlicher Rhythmus entspringt vermutlich weniger einem unmittelbaren Informationsbedürfnis der Öffentlichkeit als vielmehr der Überzeugung, bei einer engmaschigen Berichterstattung eine bessere Kontrollfunktion ausüben zu können. Außerdem wird damit der Forderung nach Transparenz entsprochen.

© Springer Fachmedien Wiesbaden GmbH 2017
A. Borg und M.J. Bauer, *TIGER – Kommunikationskonzept*
Tiefe Geothermie, essentials, DOI 10.1007/978-3-658-18500-8_10

10.2 Kommunikation entlang der Phasen eines Geothermie-Projektes

Ein Geothermie-Projekt durchläuft eine Reihe von Meilensteinen und Projektphasen, die unmittelbar ineinander greifen. Die technisch bedingten Projektphasen bieten gute Ansatzpunkte für die Kommunikation, wobei jede einzelne Phase bestimmte Vorgehensweisen im Hinblick auf die Kommunikation mit der Öffentlichkeit bedingt. Die technisch orientierten Phasen – wie z. B. im VBI-Leitfaden (VBI 2013, S. 2) dargestellt – können orientiert an der öffentlichen Wirksamkeit, heruntergebrochen und mit konkreten Hinweisen zur Kommunikation und Öffentlichkeitsarbeit hinterlegt werden. Die für die Kommunikation und Öffentlichkeitsarbeit relevanten Phasen und untergeordneten Teilphasen des Lebenszyklus einer geothermischen Anlage sind in Tab. 10.1 dargestellt.

Tab. 10.1   Kommunikation ausgerichtet an den Projektphasen

Deutlich wird, dass insbesondere zu Projektbeginn, also bereits in der Phase der Vorbereitung, erste Kommunikationsaktivitäten gestartet werden sollten. Inhaltlicher Schwerpunkt ist hier der Aufbau von Wissen in der Bevölkerung

und die transparente Darstellung der Chancen und Risiken. Die Wissensvermittlung muss sich an dem lokalen Projekt ausrichten und entsprechend auf die regionalen, technischen und geologischen Besonderheiten eingehen. Im zeitlichen
Verlauf nimmt die spezifische transparente Information über das lokale Projekt
eine bedeutsamere Rolle ein, wobei spätestens ab dem Genehmigungsverfahren
informiert werden muss, da die Erteilung von Genehmigungen öffentlich bekannt
gemacht und schnell lokal diskutiert wird. Der Einbezug der Bevölkerung als
wesentlicher Baustein sollte beginnend mit der Phase der Erkundung gestartet
werden. Hier sind insbesondere Aktivitäten wie der runde Tisch bzw. Stammtisch
zu Geothermie zu nennen, die projektbegleitend im Sinne eines offenen Diskussi-
onsforums aufrechterhalten werden können. Grundsätzlich sollte in der Kommunikation darauf geachtet werden, auch Positivereignisse des Projektes, wie z. B.
erreichte Meilensteine, aktiv zu kommunizieren.

Um spezifische Hinweise zu Kommunikationsaktivitäten zur Verfügung zu
stellen, wurde im Rahmen des TIGER Forschungsvorhabens eine Handlungs-
hilfe zur Kommunikation in Tiefen Geothermie-Projekten entwickelt (Borg et al.
2015). In elektronischer Form können die Inhalte hier interaktiv abgerufen werden. Das Instrument – die **TIGER-Toolbox** – bietet für sämtliche Phasen eines
Geothermie-Projektes konkrete Handlungsempfehlungen. Nach Auswahl der
jeweiligen Projektphase gibt die Toolbox durch zusätzliche Auswahl der betreffen-
den Teilphase Empfehlungen für Inhalte, Vorgehen und geeignete Medien sowie
Hinweise, zu welchem Zeitpunkt welche Zielgruppen angesprochen werden sollen. Die Empfehlungen werden ergänzt durch Checklisten, die bei der praktischen
Umsetzung helfen. Die TIGER-Toolbox ist integriert in die TIGER-App und
sowohl als PC-Version als auch als App für Smartphones und Tablets verfügbar. Diese kann entweder auf der TIGER-Website (www.tiger-geothermie.de),
in den üblichen App-Stores (TIGER-App) oder direkt über den QR-Code (gültig
für alle Systeme) in Abb. 10.1 heruntergeladen werden.

Abb. 10.1   QR-Code
TIGER-App

10.3   Phasenunabhängige Kommunikationsaktivitäten

Neben der Regelkommunikation entlang der Projektphasen bieten sich im Projektverlauf Kommunikationsanlässe an, die genutzt werden können, um einerseits zu informieren und anderseits öffentlichkeitswirksam das lokale Projekt darzustellen. Diese können sich von außen, also z. B. durch die Gemeinde, Interessenverbände oder Vereine, anbieten oder aber selbst initiiert werden. Um das Tiefe-Geothermie-Projekt lokal zu verankern, können Aktivitäten, wie z. B. Feste und regionale Veranstaltungen, genutzt werden, um hier Informationen an die Bevölkerung direkt weiterzugeben. Mögliche Formen sind:

- **Infostand** zum Projekt im Rahmen des Wochenmarktes, Veranstaltungen des Ortes etc.
- Beteiligung an **lokalen Großveranstaltungen,** wie z. B. Weihnachtsmärkten, Stadtfesten etc. entweder über Sponsoring oder eigenen Stand.
- Teilnahme an **lokalen Gewerbeschauen.**

Neben diesen Kommunikationsanlässen bieten sich zusätzliche Möglichkeiten, über das Projekt zu informieren, die einen positiven Einfluss auf die lokale Akzeptanz haben können. Eigene Veranstaltungen, wie etwa ein „Tag der offenen Tür", dienen der Transparenz und der Darstellung des Projektes nach außen. Diese sollten erst zu einem Zeitpunkt stattfinden, an dem die Geothermie-Anlage übertägig Gestalt anzunehmen beginnt. Daneben sind auch im Vorfeld Aktionen wie z. B. der Anstich des Bohrlochs, als Event mit geladenen Gästen, gute Möglichkeiten nach außen zu wirken und Offenheit zu zeigen. Nach einer erfolgreichen Bohrphase kann etwa die Inbetriebnahme der Übergabestation für die Fernwärme Anlass sein, der lokalen Bevölkerung die Anlage vorzustellen.

Angebote für **Betriebsbesichtigungen** sowohl lokal als auch überregional bieten sich etwa am bundesweiten Tag der Erneuerbaren Energien (jeweils am 3. Samstag im April) als fester Bestandteil einer offenen Kommunikation an. Anfragen von Besuchergruppen (Behörden, Vereine, Anwohner, Bürgerinitiativen, Schulen) gehören zu den geeigneten Möglichkeiten bereits während der Entstehungsphase in persönlichen Kontakt mit Interessenten zu treten. Hierbei können bei Bedarf auch kritische Themen angesprochen, mögliche Missverständnisse ausgeräumt und Wissensdefizite beseitigt werden. Für das Angebot regelmäßiger Führungen bieten sich Hinweise in der örtlichen Presse, am Zugangsbereich der Geothermie-Anlage oder auf der Projektwebsite an.

Politikerbesuche sollten fester Bestandteil der kontinuierlichen Kontaktpflege sein. Sie bieten sich insbesondere bei Meilensteinen des Projektes (Beginn Bohrung, erfolgreiche Bohrung, Bau Kraftwerk) als wichtige vertrauensbildende Maßnahme insbesondere von Lokalpolitikern an. (Lokal)Politiker übernehmen aufgrund ihrer Funktion die Aufgabe des wesentlichen Multiplikators und sollten deshalb als „Chefsache" betrachtet werden. Hier hat der Betreiber, in Person des Geschäftsführers, eine herausgehobene Aufgabe.

Kooperationen mit dem örtlichen Versorger, als Vermarkter des in der Geothermie-Anlage erzeugten Stroms sowie der Kälte und Fernwärme, spielen für die Kommunikation mit der Öffentlichkeit eine wichtige Rolle. Aus dieser kann sich für beide Seiten eine Win-win-Situation entwickeln. Die Stadtwerke können sich dabei als nachhaltiger, „grüner" Energieversorger positionieren und durch den Ausbau des Fernwärme-Netzes Kunden hinzugewinnen und langfristig binden. Insbesondere in touristisch erschlossenen Gebieten lassen sich Kooperationen mit regionalen Tourismusverbänden anbahnen. Damit kann eine umweltgerechte Energiepartnerschaft unter dem Gesichtspunkt der lokalen Wertschöpfung, bei gleichzeitiger Selbstversorgung mit Energie, umgesetzt werden.

Von besonderer Bedeutung ist auch die Einbindung der angesiedelten Unternehmen und der lokalen Vereine bei der Entstehung der Anlage. So sollten **Handwerker** aus der Region bei der Vergabe von Gewerken und dem Einkauf von Baustoffen nach Möglichkeit berücksichtigt werden, sofern diese den Preis-Leistungserwartungen entsprechen. Ebenso sollte der Kontakt zu potenziellen (Groß-) Kunden gewährleistet werden, die als Arbeitgeber akzeptanzsteigernd wirken können.

Gerade in ländlich geprägten Gemeinden muss sich die örtliche Feuerwehr mit den brandschutztechnischen Herausforderungen und Betriebsstoffen einer Geothermie-Anlage auseinandersetzen. Daher sollte der Betreiber frühzeitig Kontakt mit **Hilfs- und Rettungsorganisationen** wie der Feuerwehr, dem THW und verschiedenen Rettungsdiensten (z. B. DRK, Arbeiter Samariter Bund etc.) aufnehmen. Es gilt, diese mit den Besonderheiten einer Geothermie-Anlage und dem Umgang mit Gefahrstoffen vertraut zu machen, um damit mögliche Vorbehalte abzubauen. Gleichzeitig schafft dies positive Anlässe für eine Kommunikation in den Medien (z. B. Alarmübung mit anschließendem gemütlichem Ausklang).

Fragen des **Umweltschutzes** begleiten die gesamte Entstehungsphase einer Geothermie-Anlage. Das Angebot zur aktiven Beteiligung von Bürgern kann durch den Einbezug von Umweltthemen deutlich aufgewertet werden. Bei der Gestaltung von ökologischen Ausgleichsmaßnahmen können lokale Umweltgruppen gezielt eingebunden werden. So können durch einen offenen Umgang wichtige vertrauensbildende Impulse gesetzt werden.

Kommunikation kritischer Ereignisse und Krisenkommunikation

In jeder Phase eines Geothermie-Projektes können unvorhergesehene kritische Ereignisse eintreten. Daher muss neben der Regelkommunikation auch für den Fall von z. B. technischen Störfällen, Erdbeben etc. kommunikative Vorsorge getroffen werden. In den TIGER-Ergebnissen wird an vielen Stellen deutlich, dass die Risiken der Geothermie nicht verschwiegen werden sollten (Frey 2014). Grundsätzlich sollten Ereignisse der Bevölkerung zur Kenntnis gebracht werden. Hier gilt der Grundsatz, je „sichtbarer" bzw. „spürbarer" ein Ereignis ist, desto unmittelbarer sollte der Betreiber an die Öffentlichkeit treten, um hier das Vertrauen zu erhalten. Dies wird als Krisenkommunikation bezeichnet. „Unter Krisenkommunikation fallen sämtliche Aktivtäten der Kommunikation, die vor oder während der Krise ergriffen werden, um diese möglichst schnell zu meistern bzw. im optimalen Falle gar nicht entstehen zu lassen" (Ditges et al. 2008, S. 46). Die eigentliche Krisenkommunikation beginnt bereits *vor* der Krise, indem potenzielle Krisenauslöser – so z. B. die in der TIGER SWOT-Analyse definierten Risiken (Abschn. 2.5) – erkannt und Vorgehensweisen definiert und festgehalten werden. Grundsätzlich gilt:

- Rollen und Kompetenzen regeln (Krisenstab, Mediensprecher) – Im Sinne: „Wer spricht wann mit wem? Und über was?".
- Angemessen und schnell reagieren (bei Bedarf binnen Stunden).
- Klar informieren: Nicht wider besseren Wissens abstreiten, nur gesicherte Informationen veröffentlichen bzw. Hinweis, dass die Information (noch) nicht abgesichert ist, da die Ursachenfindung ein langfristiger Prozess ist. Ideal ist hier, wenn möglich, die Angabe von Zeitfenstern.

© Springer Fachmedien Wiesbaden GmbH 2017
A. Borg und M.J. Bauer, *TIGER – Kommunikationskonzept*
Tiefe Geothermie, essentials, DOI 10.1007/978-3-658-18500-8_11

- Überblick bewahren: Zur Dokumentation ein Krisen-Journal (wann ist was passiert, wer hat welche Informationen wann gegeben, welche Reaktionen gab es) führen.
- Nach der Krise selbstkritische Analyse aller Abläufe, um daraus für weitere potenziellen Krisen zu lernen.

Aktivitäten zur Bewältigung von Krisen sind immer dann angeraten, wenn ein zuvor bekanntes oder unbekanntes Risiko eingetreten ist. In Bezug auf Tiefe Geothermie kommt hinzu, dass die beteiligten Akteursgruppen durchaus unterschiedliche Einschätzungen von Risikopotenzialen haben können. Dass bei solchen und ähnlich emotional besetzten Themen sachliche Expertenmeinungen nicht geeignet sind, Befürchtungen und Ängste von Betroffenen zu zerstreuen, zeigen Podiumsdiskussionen mit Experten immer wieder. Einige Beispiele der Branche, so z. B. in Basel oder St. Gallen, zeigen, dass sich auch bei den Verantwortlichen zunehmend die Notwendigkeit von (Krisen)Kommunikation durchzusetzen beginnt. Ein präventives Risikomanagement im Zusammenhang mit Tiefer Geothermie macht es notwendig, zu einem möglichst frühen Zeitpunkt potenzielle Risiken zu benennen. In letzter Konsequenz geht es bei der Kommunikation der Risiken Tiefer Geothermie um die Frage, ob ein Risiko moralisch akzeptabel ist. Demnach dürfen Unternehmen keinen Schaden erzeugen oder anderen Menschen Risiken aufbürden (Wiedemann 2013). Risikokommunikation setzt bei der Analyse der Situation den Blickwinkel von Laien voraus. Hier passieren in der Regel entscheidende Fehler, wenn Experten wahrgenommene Risiken gegenüber der Öffentlichkeit banalisieren.

Um auch für die Kommunikation im Falle von Ereignissen im Zusammenhang mit einer Geothermie-Anlage spezifische Hinweise zur Verfügung zu stellen, sind in der bereits vorgestellten TIGER-Toolbox konkrete Empfehlungen zur Ereigniskommunikation aufgenommen. Die Hinweise werden ergänzt durch Checklisten, die bei der praktischen Umsetzung helfen. In elektronischer Form können die Inhalte hier interaktiv abgerufen werden. Entsprechend der Regelkommunikation erhält der Nutzer orientiert an der Kategorie des Ereignisses – Technik, Geologie, Politik/Gesellschaft – Hinweise für Inhalte und Vorgehen, geeignete Medien und Zeitpunkte sowie darüber, welche Zielgruppen angesprochen werden sollen. Die in Tab. 11.1 aufgeführten und in der TIGER-Toolbox aufgenommenen Ereignisse orientieren sich an der Öffentlichkeitswirksamkeit und weniger an der technischen Bedeutsamkeit.

Tab. 11.1 Mögliche Ereignisse Tiefer Geothermie

Technik	Geologie	Politik/Gesellschaft
• Blow out • sichtbarer Austritt von Stoffen • Austritt von Gefahrstoffen • Gasverbrennung • Unfall auf Baustelle • Zielabweichungen oder Verzögerungen im Planungs-/Baufortschritt • Ausfall der Kühlung • Ausfall oder Abschaltung der Pumpe	• Beben kleiner 2,0 auf der Richterskala • Beben größer 2,0 auf der Richterskala • Hebung oder Senkung des Bodens • Gebäudeschäden durch Seismik	• spontane Aktionen von Gegnern und Befürwortern • Änderung im EEG • lokalpolitisches Ereignis • Medien-Anfrage • (unerwarteter) Wechsel in der Geschäftsführung • Genehmigungen werden nicht erteilt

Akzeptanzfördernde Maßnahmen: Einbezug

12

Der Einbezug der Menschen ist ein wesentliches Kriterium für die Akzeptanz des lokalen Geothermie-Projektes ist. Hierzu bieten sich insbesondere Beteiligungsmodelle an. Im Gegensatz zu Aktivitäten im Rahmen der Regelkommunikation oder bei kritischen Ereignissen, die zeitlich klar definierbare Vorgänge und Ereignisse kommunizieren, erfordern Maßnahmen zur Beteiligung von Bürgern am Willensbildungsprozess zeitlich und organisatorisch aufwändigere Formen der Öffentlichkeitsarbeit. Sie können aber eine nachhaltige Wirkung bezüglich der Akzeptanz entfalten. Vor allem die Bürgerbeteiligung ist in der Lage, differierende Meinungen von Bürgerinitiativen und der Öffentlichkeit mit den Interessen von Betreibern und Politik zusammenzuführen.

12.1 Offenlegung von Gutachten

Vor dem Hintergrund der Transparenz ist die Offenlegung von Gutachten ein probates Mittel. In den TIGER-Ergebnissen wird deutlich, dass 37 % der Befragten eine solche wünschen (vgl. Kluge et al. 2016). Insbesondere sind für Bewohner vor Ort die Vorstudie zum Projekt, der Wirtschaftsentwurf der Anlage, aber auch die Gutachten über die Auslastung des Kraftwerks und die Seismik besonders wichtig. Das Bedürfnis, Informationen über die Wirtschaftlichkeit des Projektes zu erhalten, ist besonders ausgeprägt.

Von sehr hoher Bedeutung, mit 63 %, ist der direkte Einbezug, etwa in Entscheidungsprozesse wie z. B. über den (genauen) Standort einer Geothermie-Anlage, über geplante Lärmschutzmaßnahmen, das Aussehen des Kraftwerks und der Gebäude sind für die Öffentlichkeit zentrale Anliegen. Durch die Einbindung

© Springer Fachmedien Wiesbaden GmbH 2017
A. Borg und M.J. Bauer, *TIGER – Kommunikationskonzept*
Tiefe Geothermie, essentials, DOI 10.1007/978-3-658-18500-8_12

werden Betroffene zu Beteiligten und entsprechend der TIGER-Ergebnisse kann dadurch die Akzeptanz verbessert werden.

12.2 Bürgerbeteiligung

Die Menschen wünschen ausdrücklich Möglichkeiten der Beteiligung und Mitbestimmung. So wird aus den TIGER-Daten klar der „runde Tisch" zur aktiven Mitgestaltung – im Vergleich zu Information durch Informationsveranstaltungen, Tag der offenen Tür, Touren zu anderen Kraftwerken oder dem Bürgertelefon – bevorzugt. Das konventionelle Instrumentarium der Presse- und Öffentlichkeitsarbeit ist allein kaum in der Lage, Bedenken und die Wahrnehmung von Risiken unter betroffenen Bürgern zu kanalisieren. Stakeholderdialoge[1] in Form eines Bürgerforums stellen deshalb eine sinnvolle Form des kritischen Dialogs zwischen dem Anspruch technischer Machbarkeit und den wirtschaftlichen Interessen von Betreibern und dem Ziel gesellschaftlicher Akzeptanz dar (Frey 2014).

Ein Bürgerforum sollte die Bevölkerung aktiv und vor allem frühzeitig in das Projekt einbinden. Ablauf und Umsetzung von Bürgerforen tragen Züge eines basisdemokratisch ausgehandelten Interessenausgleichs mit den Bürgern. Derzeit gibt es keine andere interaktive Form der Kommunikation, die geeigneter wäre, sachliche, technische und emotionale Dimensionen eines Geothermie-Projektes mit einvernehmlichen Spielregeln im öffentlichen Raum zu diskutieren.

Wesentlich für das Gelingen einer solchen Form der Bürgerbeteiligung ist es, sie zum richtigen Zeitpunkt mit den jeweils geeigneten Inhalten und Zielen sowie einer sorgsamen personellen Zusammensetzung anzubieten. Je eingehender im Vorfeld die spezifische Situation und Stimmungslage vor Ort erfasst wird, umso besser können Beteiligungsformen ihre vertrauensbildende Wirkung entfalten. Für unterschiedliche Themenschwerpunkte sollten jeweils separate Veranstaltungen durchgeführt werden, um Themenvermischungen zu vermeiden. Eine ausgewogene Darstellung der Tiefen Geothermie mit ihren Vor- und Nachteilen ist wichtig. Bei den verschiedenen Themenschwerpunkten ist es daher von Bedeutung, beide Seiten zu beleuchten. Es handelt sich dabei um:

---

[1]Stakeholder sind sämtliche Menschen, die von Entscheidungen einer Organisation betroffen sind oder diese mit ihrem Handeln beeinflussen können.

- Naturwissenschaftlich-technische Fragestellungen, bei denen es um die Abwägung von möglichen Risiken Tiefer Geothermie geht.
- Themen, die persönliche Erfahrungen und Ängste von Betroffenen beinhalten.
- Eine soziologische Betrachtung des Risikos, also wie eine Gesellschaft grundsätzlich mit Risiken umgeht.

Themen, die sich für eine Beteiligung der Öffentlichkeit im Rahmen von Tiefe-Geothermie-Projekten anbieten, sind insbesondere:

- Einbezug in technische Gestaltungsspielräume (z. B. Lärmschutz, Architektur der Gebäude; siehe Abschn. 15.4).
- Darstellung der Gutachten über Seismik.
- Standortwahl.
- Gestaltung von ökologischen Ausgleichsmaßnahmen.

Ein Bürgerdialog besteht im Wesentlichen aus drei Prozessschritten (Holenstein und Högg 2013, S. 12 ff.):

Die **Vorabklärung** und die Organisation stellen sicher, dass alle beteiligten Dialogpartner im Vorfeld ihre Standpunkte und Erwartungen uneingeschränkt äußern können. Die Organisation sollte ein unabhängiger Moderator übernehmen, welcher im Vorfeld geeignete Teilnehmer für den Dialog ermittelt. Der Initiator eines Stakeholderdialogs (z. B. der Projektentwickler oder Investor) sollte darauf achten, dem neutralen Moderator freie Hand in der Vorbereitungs- und Konzeptionsphase zu lassen, um eine möglichst ausgewogene Zusammensetzung der Dialogparteien sicherzustellen und damit ein Höchstmaß an Glaubwürdigkeit zu vermitteln.

Vor der eigentlichen **Durchführung** sind sämtliche Spielregeln der Veranstaltung detailliert und einvernehmlich mit allen Beteiligten abzusprechen: Rederecht, Protokoll und Verwertung der Ergebnisse werden festgelegt.

Der **Nachbereitung** kommt eine ebenso wichtige Bedeutung zu. Hier entscheidet sich, ob und in welcher Form der aufgenommene Dialog fortgesetzt und wie mit den erzielten Ergebnissen oder Empfehlungen umgegangen wird. Verbleiben diese in der Hand des verantwortlichen Moderators oder gehen sie als Arbeitsauftrag an den Initiator des Dialogs über? In jedem Fall sollten feste Feedbackkanäle für interessierte Bürger auch nach Ende eines Bürgerdialogs aufrechterhalten werden, um dem Dialog nicht das Etikett einer Scheinlegitimation zu geben. Diese Form der Bürgerbeteiligung verlangt vom Dialogmoderator ein hohes Maß an Kompetenz, Professionalität und Neutralität.

12.3   Akzeptanzfördernde technische Möglichkeiten

Neben den oben dargestellten Aktivtäten zur Kommunikation und Öffentlichkeitsarbeit haben auch technische Aspekte einen Einfluss auf die Akzeptanz. Aus den Nennungen der Nachteile (Kap. 9, Abb. 9.2) gehen unter anderem technisch orientierte Risiken hervor, denen im besten Falle bereits in der Planung und Entstehung einer Anlage durch technische Maßnahmen entgegengewirkt werden kann bzw. durch diese vermeidbar sind. Beispiele sind: Erdbeben, Grundwassergefährdung und Lärm. Mögliche Formen der Beeinträchtigungen – was man hört, sieht, riecht oder spürt – können orientiert an den Projektphasen definiert werden. Gestaltungsspielräume entlang der Phasen einer geothermischen Anlage sind in Abschn. 15.4 aufgeführt.

Monitoring und Evaluierung von Kommunikationsaktivitäten

13

Um die Wirkung der eigenen Kommunikationsaktivitäten beurteilen zu können, sollten grundsätzlich Möglichkeiten des Medienmonitorings und der Evaluierung genutzt werden. Ergebnisse des Monitorings lassen nur dann fundierte Aussagen und Rückschlüsse zu, wenn sie kontinuierlich, d. h. von Beginn eines Projektes an, durchgeführt werden. Dazu bieten sich unterschiedliche Arten der Messung und Bewertung an. Sie sind entweder unabhängig voneinander oder kombiniert einsetzbar.

13.1 Quantitative und qualitative Medienresonanzanalyse

Die Medienresonanzanalyse gibt zunächst einen eher quantitativen Überblick auf die Anzahl der Veröffentlichungen in Printmedien, Hörfunk, Fernsehen aber auch den Onlinemedien und Blogs. Zu einem umfassenden Kommunikationsmonitoring gehört die inhaltliche Auswertung der erfolgten Kommunikation, inklusive der Kommunikation, die nicht vom Betreiber selbst ausgeht, sondern auch von Interessengruppen (z. B. Bürgerinitiativen). Anhand einer Analyse lässt sich feststellen, ob die eigenen Kernbotschaften verstanden und korrekt wiedergegeben wurden oder ob diese entweder nicht oder in einem falschen Sinnzusammenhang verwendet wurden. Dieser Teil der Analyse dient vor allem der Qualitätsbewertung der eigenen Botschaften und sollte ein kontinuierlicher Prozess sein. Nur so ist es möglich, die Veränderung von Themenschwerpunkten im Hinblick auf die Aktivitäten von Interessengruppen rechtzeitig zu bemerken. Falsch vermittelte Botschaften können sich im öffentlichen Meinungsbild schnell verselbständigen und werden von Gegnern deshalb gerne instrumentalisiert. Neben der rein

© Springer Fachmedien Wiesbaden GmbH 2017
A. Borg und M.J. Bauer, *TIGER – Kommunikationskonzept*
Tiefe Geothermie, essentials, DOI 10.1007/978-3-658-18500-8_13

quantitativen Betrachtung (z. B. die Anzahl der Veröffentlichungen einer Pressemitteilung in Print- und Onlinemedien) ist deshalb vor allem die Qualität der Veröffentlichungen (korrekte Wiedergabe von Fakten, ausgewogene Berichterstattung ohne wertende Darstellung) ein wichtiger Bewertungsmaßstab.

13.2   Feedback auf Aktionen, Veranstaltungen, Online-PR, Kommentare

Auch wenn bislang Kommentare über Geothermie in Blogs und Foren eher die Ausnahme bilden, gewinnt diese Form der Online-PR zunehmend an Bedeutung. Das kontinuierliche Monitoring von einschlägigen Energieblogs, Social-Media-Plattformen (z. B. Twitter, Facebook) und Online-Kommentarbereichen von Zeitungen ist eine gute Möglichkeit, um ein ungefiltertes Feedback über kritische Stimmen im Internet zu erhalten. Über Online-Medien lassen sich auch kurzfristig Themenschwerpunkte in der öffentlichen Diskussion identifizieren. Damit können mögliche Defizite der eigenen Öffentlichkeitsarbeit schneller erkannt und Gegenmaßnahmen frühzeitig eingeleitet werden. Vor dem Hintergrund der Verschiebung in Richtung soziale Medien müssen herkömmliche Presse-Clippings (Zusammenfassung der Zeitungsausschnitte zum entsprechenden Thema) ergänzt werden durch ein kontinuierliches Web-Monitoring (z. B. mit Google Blogsearch, Google Alerts oder Technorati.com.). Mit dessen Hilfe können Veränderungen von Meinungstendenzen im Internet schnell identifiziert werden (Trevisan und Jakobs 2015). Dazu bedarf es im ersten Schritt nicht zwangsläufig eigener Social-Media-Aktivitäten, doch Web-Monitoring über Keywords in Google Alerts oder Blog-Monitoring per RSS-Feed werden zum Pflichtprogramm. Der Grund: Die Halbwertszeit eines kritischen Zeitungsartikels oder eines Hörfunkkommentars ist relativ kurz, ein negativer Kommentar in einem Weblog hingegen ist, da er mit einer festen URL-Adresse verknüpft ist, praktisch unbegrenzt im Netz verfügbar und über Suchmaschinen recherchierbar. Es gilt abzuwägen, ob eine Reaktion auf einen kritischen Kommentar in Internet-Blogs in jedem Fall wirklich sinnvoll ist. Wo ein sachlicher Diskurs mit einem Blogger jedoch sinnhaft scheint, sollte ein Unternehmen den Dialog mit der Web-Community nicht vermeiden.

Fazit

14

Nicht nur die Bedeutsamkeit von Kommunikation, sondern auch die Vielschichtigkeit der kommunikativen Prozesse und der Akzeptanzbildung wird deutlich. Es bleibt zu beachten, dass die hohe Komplexität des Zusammenspiels von Einstellungen, Meinungen, Befürchtungen und wahrgenommenem Nutzen einer flexiblen und dynamischen Kommunikation bedarf. Neben Kommunikationsstrategien zur Regelkommunikation (Kap. 10) sind darüber hinaus Kreativität und ein Feingefühl für die Gegebenheiten, Menschen und Bedürfnisse vor Ort auf Seiten der Betreiber und Institutionen erforderlich. Kommunikation und Öffentlichkeitsarbeit können einen wesentlichen Beitrag zur breitenwirksamen Profilbildung bezüglich der Nutzung Tiefer Geothermie leisten. Betreiber und Institutionen müssen sich der Bedeutung und Wirksamkeit eines Kommunikationskonzepts auf die Akzeptanz in der Bevölkerung bewusst werden, um erfolgreich die Tiefe Geothermie als Baustein der Energiewende zu verankern.

Wesentlich für den Erfolg sind dabei die in Abb. 14.1 zusammengefassten „Goldenen Regeln der Kommunikation".

© Springer Fachmedien Wiesbaden GmbH 2017
A. Borg und M.J. Bauer, *TIGER – Kommunikationskonzept*
Tiefe Geothermie, essentials, DOI 10.1007/978-3-658-18500-8_14

- Transparent und regelmäßig informieren.
- Vertrauen schaffen durch objektive Wissensvermittlung.
- Positive Punkte betonen, aber negative Punkte NICHT verschweigen!
- Alle Akteure – Anwohner, Meinungsführer, Lokalpolitik, Medien – kontinuierlich einbinden.

Abb. 14.1 Goldene Regeln der Kommunikation

Tabellen, Checklisten und Übersichten **15**

In den Tabellen, Checklisten und Übersichten finden sich kompakt zusammengefasst Hinweise und Hintergründe zu den einzelnen Aspekten einer kontinuierlichen
Kommunikation als Ergänzung zu dem in den vorangegangen Kapiteln ausgear-
beiteten Kommunikationskonzept.

15.1 SWOT-Detailergebnisse für Tiefe Geothermie

Stärken	
Ökologie	Klimafreundlich, da: • Sehr niedrige CO_2-Emissionen – hauptsächlich bei Bohrung und Bereitstellung Bohrmaterial mit ca. 65 % Anteil – Stromerzeugung ohne Freisetzung von CO_2, Schwefel, Stickoxiden oder Rußpartikeln. • Keine direkten Emissionen bei Thermalwasserförderung im laufenden Betrieb
	Insgesamt geringe Umweltauswirkungen: • Keine direkte Freisetzung von Stoffen im Normalbetrieb zu erwarten. • Geringer Flächenverbrauch. • Brennstofffreier Betrieb. • Umweltbelastungen durch Bohrarbeiten zeitlich befristet (3–6 Monate). • Keine Umweltbelastungen durch Abbau, Transport, Aufbereitung und Lagerung von Brennstoffen. • Thermalwasser wird in geschlossenem Kreislauf geführt

© Springer Fachmedien Wiesbaden GmbH 2017
A. Borg und M.J. Bauer, *TIGER – Kommunikationskonzept
Tiefe Geothermie*, essentials, DOI 10.1007/978-3-658-18500-8_15

Wirtschaft-lichkeit	• Wärme bereits konkurrenzfähig. • Kann gleichzeitig Strom, Wärme und Kälte erzeugen. • Dezentrale Strom- und Wärmeerzeugung. • Kein Zubau neuer Stromtrassen nötig. • Beitrag zur Energieunabhängigkeit. • Unabhängig von der Preisentwicklung bei fossilen Energieträgern. • Keine politisch beeinflusste Preisentwicklung. • Anlagen regelbar. • Grundlastfähigkeit
Technik	• Daten von Erdöl- bzw. Erdgasbohrungen können verwendet werden. • Erprobte Kraftwerkstechnik. • Anlagen regelbar und grundlastfähig
Recht	• Geothermie seit dem Jahr 2000 im Rahmen des EEG gefördert

Schwächen

Ökologie	• Hauptpotenzial liegt in petrothermaler Nutzung (95 %). • Vorwurf des Einsatzes von Atomstrom als Betriebsstrom. • Fehlende Langzeiterfahrungen (Bohrungen, Abkühlung Untergrund, Tektonik, Grundwasser). • Flächenversiegelung. • Entsorgung (Bohrklein, radioaktive Stoffe)
Wirtschaft-lichkeit	• Gegenüber anderen EE ist Tiefe Geothermie die teuerste Energiequelle. • Stromerzeugungskosten deutlich höher als bei Wind, Wasser, Biomasse. • Hohe Anfangsinvestitionen. • Größter Investitionsanteil fällt an, bevor Quelleneigenschaften bekannt sind. • Kosten von Geothermie werden höher eingeschätzt als für Öl und Erdgas (Vorwurf). • Wärmenutzung setzt hohe Investitionen für Fernwärmenetz voraus. • Hoher Eigenkapitalbedarf begrenzt Investoren-Potenzial. • Keine Standardisierung bei Planung, Bohrung und Betrieb wegen unterschiedlicher Voraussetzungen in Regionen. • Zu geringer Erfahrungsaustausch innerhalb der Branche (Technik, Kommunikation) bzgl. Preisbildung – fehlender Markt
Technik	• Wahrnehmung des Stromwirkungsgrades (ca. 10 %) bei reiner Stromerzeugung als niedrig. • Petrothermales Potenzial derzeit schwierig erschließbar. • Fracking Vorwurf. • Hohes Fündigkeitsrisiko
Recht	• Starke Abhängigkeit von politischen Entscheidungen (z. B. Neuerungen im EEG). • Klageanfälligkeit aufgrund fehlendem politischen Grundsatzbekenntnis

Chancen

Ökologie	• Heimische Energiequelle. • Flächenschonend, da kein Netzausbau nötig. • Stromerzeugung ohne Freisetzung von CO_2, Schwefel, Stickoxiden, Rußpartikeln. • Keine Umweltbelastungen durch Abbau, Transport, Aufbereitung und Lagerung von Brennstoffen. • Thermalwasser wird in geschlossenem Kreislauf geführt. • Wärmeemissionen deutlich niedriger als bei fossilen Kraftwerken
Wirtschaft- lichkeit	• Importunabhängigkeit Öl/Gas. • Keine verdeckten Kosten (wie z. B. „Ewigkeitskosten"). • Bezahlbare Wärmequelle, „Erneuerbare-Wärmewende", „Daseinsvorsorge", v. a. in Bayern in Gemeindeverfassung. • Kostensenkung durch Lerneffekte. • Regionale Wertschöpfung („Energie aus der Region für die Region"). • Chance zur Ansiedlung energieintensiver Gewerbebetriebe. • Höhere Gewerbesteuereinnahmen. • Aufnahme von Geothermie-Strom ins Portfolio von EE-Stromanbietern
Technik	• Anlagen regelbar. • Grundlastfähigkeit. • Gleichzeitige Strom-, Wärme- und Kälteerzeugung. • Größtes Potenzial noch nicht erschlossen. • Bessere Pumpentechnik senkt Stromgestehungskosten und Betriebsrisiko. • Innovationen in Bohrtechnik. • Fernsteuerung, Automatisierung, Richtbohrungen. • Pneumatische und hydraulische Bohrer für schnellere und preiswertere Bohrungen. • Technisch und ökonomisch gekoppelte Strom- und Wärmenutzung. • Weiterentwicklung Stimulationstechnik. • Optisch verträglichere Einbindung des Kraftwerks in Umgebung möglich. • Nutzung Fernwärmenetz als Wärmespeicher
Öffentlichkeit	• Deutliche Erhöhung der lokalen Akzeptanz durch Ausbau der Fernwärmenutzung. • Imageverbesserung für lokale Stadtwerke durch Vermarktung von umweltfreundlichem Strom und Wärme. • Bei störungsfreiem Betrieb hohes Maß an Zustimmung durch Politik und Öffentlichkeit zu erwarten (Beispiel: „Emissionsfreier Landkreis als Ziel"), Ökobilanz positiv
Recht	• Ausbaukorridor für Geothermie wird eingeführt. • Ideelle Unterstützung durch strenge Klimaschutzziele EU und CO_2-Zertifikatehandel. • Rechtliche Gleichstellung (z. B. BauBG) mit allen anderen EE. • Politik entdeckt „Erneuerbare Wärmewende" als interessantes Thema

Risiken

Ökologie	• Schadbeben, Hebungen, Senkungen. • Gewässerschäden. • Langfristfolgen Abkühlung Untergrund gesamt und Bereich der Bohrung nicht bekannt. • Im Störfall Freisetzung von gelösten Gasen möglich. • Bei Bohrung Gefahr der Freisetzung von Gefahrstoffen, Kohlenwasserstoffen (Öl, Gas) nicht ausgeschlossen. • Vorwurf des nicht geringeren Flächenverbrauchs gegenüber anderen Erneuerbaren bezogen auf Anlagenleistung. • Gefährdung des Grundwassers
Wirtschaftlichkeit	• Bohrkosten bleiben durch Erdöl- und Erdgasbranche festgelegt. • Stadtwerke bauen veraltete Fernwärmenetze ab, statt sie zu sanieren. • Restriktivere Bedingungen der Fündigkeitsversicherungen machen Neuinvestitionen unattraktiv. • Markt zu klein für geothermiespezifische technische Entwicklungen
Technik	• Thermalwassermenge und Reservoir-Temperatur schwer prognostizierbar. • Fehlende Wärmeverteilnetze zur Nutzung der Wärme. • Keine Skaleneffekte. • Seismische Ereignisse als Risiko immer vorhanden. • Seismische Ereignisse unvermeidbarer Bestandteil der Petrothermie. • Zukunft der Geothermie ist petrothermal, nur mit Stimulation möglich
Öffentlichkeit	• Bürgerinitiativen übernehmen Meinungshoheit für umstrittene Themen wie Erdbeben, Bohrung, Ökologie etc. • Bei reiner Stromerzeugung Vorwurf des niedrigen Wirkungsgrades und Einsatz von Atomstrom. • Massive Bürgerproteste können Realisierung verhindern. • Unzureichender Ausbau der Wärmeverteilnetze verschlechtert Akzeptanz
Recht	• Entfall EEG. • Verpflichtender Bürgerentscheid. • Einführung verpflichtende Umweltverträglichkeitsprüfung. • Bergrecht bleibt Ländersache (uneinheitlich). • Politische Unwägbarkeiten und Benachteiligungen bestehen fort (Wegfall EEG; BauGB etc.). • Verpflichtende Mediation/Bürgerbeteiligung

15.2   Kernbotschaften – Einzelargumente

Tiefe Geothermie ist eine grüne und klimafreundliche Energiegewinnungsform
Tiefe Geothermie ist „grüne Energie" und Erneuerbare Energie:

- Erdwärme als grundsätzlich unerschöpfliche Energiequelle.
- Erdwärme als regenerative Energiequelle.

Tiefe Geothermie ist eine klimafreundliche Energiegewinnung:

- Betrieb ohne fossile Brennstoffe.
- Sehr niedrige CO_2-Emissionen im laufenden Betrieb.
- Stromerzeugung ohne Freisetzung von CO_2, Schwefel, Stickoxiden, Rußpartikeln.
- Keine direkten Emissionen bei Thermalwasserförderung im laufenden Betrieb.
- Keine direkte Freisetzung von Stoffen im Normalbetrieb zu erwarten.
- Wärmeemissionen deutlich niedriger als bei fossilen Kraftwerken.

Tiefe Geothermie ist umweltfreundlich:

- Keine Umweltbelastungen durch Abbau, Transport, Aufbereitung und Lagerung von Brennstoffen.
- Umweltbelastungen durch Bohrarbeiten zeitlich befristet (3–6 Monate).
- Thermalwasser wird in geschlossenem Kreislauf geführt.
- Flächenschonend, da kein (Strom-)Netzausbau nötig.
- Geringer Flächenverbrauch für Anlage.

Tiefe Geothermie schafft regionale Wertschöpfung
Tiefe Geothermie bedeutet regionale Wertschöpfung:

- Höhere Gewerbesteuereinnahmen.
- Chance zur Ansiedlung energieintensiver Gewerbebetriebe.
- Nutzung der geothermischen Energie als Werbeargument für Unternehmen und regionale Produkte.

- Unabhängigkeit von fossilen Energieträgern, kein teurer Einkauf von Ressourcen.
- Bezahlbare Wärmequelle ohne verdeckte Langfristkosten.

Tiefe Geothermie ermöglicht regionale Energieautarkie

Tiefe Geothermie stützt das Ziel regionaler Wertschöpfung:

- Chance zur Ansiedlung energieintensiver Gewerbebetriebe in Verbindung mit der Energiegewinnung vor Ort.
- Schafft Arbeitsplätze und führt zu höheren Gewerbesteuereinnahmen.

Tiefe Geothermie stärkt die Energieunabhängigkeit.

- Energie aus der Region für die Region.

Tiefe Geothermie schafft Synergien mit den lokalen Versorgern (Stadtwerken):

- Erzeugung von Fernwärme ist ein guter Ansatz, im Verbund mit dem lokalen Versorger dessen lokale Verankerung zu festigen.
- Situation für Stadtwerke: Vermarktung von Wärme und Strom auf Geothermie-Basis schafft positives Umweltprofil.

Tiefe Geothermie ist technische Innovation

Tiefe-Geothermie-Projekte sind Vorreiter in der technologischen Entwicklung:

- Innovationen in Bohrtechnik: Fernsteuerung, Automatisierung, Richtbohrungen.
- Bessere Pumpentechnik senkt Stromgestehungskosten und Betriebsrisiko.
- Einsatz pneumatischer und hydraulischer Bohrer für schnellere und günstigere Bohrungen.
- Erprobte Kraftwerkstechnik und beständige technische Entwicklung.
- Technisch und ökonomisch gekoppelte Strom- und Wärmenutzung.
- Weiterentwicklung Stimulationstechnik.

Tiefe Geothermie birgt neben den Chancen auch Risiken – ein offener Umgang ist unabdingbar

Chancen

Energie aus Tiefer Geothermie bietet:

- Gleichzeitige Erzeugung und Nutzung von Strom, Wärme und Kälte.
- Grundlastfähigkeit – Unabhängigkeit von Wind und Sonne.
- Anlagen regelbar nach Bedarf.
- Dezentrale Strom- und Wärmeerzeugung.

Risiken

Tiefe Geothermie kann seismische Ereignisse verursachen:

- Senkung des Risikos von seismischen Ereignissen durch technische Entwicklung im Bereich der Pumpen- und Stimulationstechnik.
- Die Ereignisse liegen meist unterhalb der Wahrnehmungsschwelle.
- Gefahr seismischer Ereignisse hauptsächlich in der Bohrphase.
- Eventuell auftretende Schäden werden nach Verursacherprinzip übernommen.

Hohe Kosten/Investitionen notwendig:

- Tatsächlicher „Output" erst nach hohen Anfangsinvestitionen (Bohrung) sichtbar.
- Verbesserung des Wirkungsgrads und damit der Stromgestehungskosten durch die Eigenerzeugung von Strom. Dies entkräftet den Vorwurf des Einsatzes von „schmutzigem Atomstrom".
- Wärme bereits konkurrenzfähig.
- Bezahlbare Wärmequelle („EE Wärmewende").
- Unabhängig von der Preisentwicklung bei fossilen Energieträgern.
- Keine politisch beeinflusste Preisentwicklung.
- Keine verdeckten Langfristkosten (z. B. Ewigkeitskosten).
- Kostensenkung durch Lerneffekte in der Branche.
- Kein Zubau neuer Stromtrassen nötig.
- Aufnahme von Geothermie-Strom ins Portfolio von EE Stromanbietern.

15.3 Sammlung kritischer Argumente – Öffentlichkeitssicht

Kritische Themen

- Einsatz von Chemikalien in der Bohrphase.
- Giftigkeit der Arbeitsmedien.
- Radioaktivität bei Geothermie-Vorhaben.
- Brennbare und explosionsfähige Stoffe in den Arbeitsmedien.
- Grundwasserschutz bei Geothermie-Projekten (z. B. Giftigkeit des Thermalwassers).
- Induktion seismischer Aktivitäten/Erschütterungen.
- Schallwellen, Tiefenfrequenzen, Infraschall im Betrieb.
- Hohe Kosten im Betrieb.
- Fehlende Wirtschaftlichkeit.
- Hohe Investitionskosten.
- Sozialisierung der Risiken durch staatliche Förderung der Bohrungen und Übernahme der Versicherung.
- Ablauf der Schadensregulierung.
- Geringer Wirkungsgrad geothermischer Anlagen.
- Hoher Flächenverbrauch im Vergleich zur Leistung.
- Unkalkulierbare, bisher unbekannte Risiken.
- Mögliche Beeinträchtigungen während der Bau- und Betriebsphase (v. a. Lärm).
- Gefahr der Abkühlung des Untergrunds.
- Fracking-Vorwürfe bei Tiefer Geothermie.
- Fehlende Grundlastfähigkeit wegen zu geringer Leistung.
- „Grün waschen" von Strom durch Nutzung von Atomstrom für Pumpe und Anlage und Absatz des gesamten gewonnenen Stroms (anstelle der Nutzung des selbsterzeugten Stroms zur Speisung der Anlage und Absatz des netto Stromertrags).
- Kompliziertes Verfahren bei Versicherungsschäden.
- Drohende Schäden an persönlichem und öffentlichem Eigentum.

15.4 Technische Gestaltungsspielräume bei Tiefe-Geothermie-Projekten

Phase Erkundung

Planung

- Einbezug von Bürgern im Planungsabschnitt ist möglich, beispielsweise bei der Festlegung des genauen Standortes oder des Kraftwerksdesigns der Geothermie-Anlage.

Seismische Untersuchung

- Bei Terminierung der Messung darauf achten, dass sich möglichst keine Konkurrenz mit Anwohnern und Landwirten ergibt, indem die Messung auf Jahreszeiten gelegt werden, bei denen kein Schaden an Feldfrüchten entsteht und die Menschen in ihrer Erholung nicht beeinträchtigt werden (z. B. Ernte- und Ferienzeiten meiden).
- Zur Reduzierung von Kabeln kann Funkübertragung genutzt werden.

Standortauswahl

- Standort der Bohrung (einmalige Beeinträchtigung) und der Energie-Erzeugungsanlage (permanente Beeinträchtigung) können voneinander getrennt werden.
- Falls ein geeignetes Gewässer in der Nähe ist, kann der Betreiber eine Direktkühlung über das Gewässer statt der Luftkühlung in Betracht ziehen. Die Direktkühlung über ein Gewässer kann effektiver sein und ist leiser als reine Luftkühlung. Zudem ist die Gewässerkühlung auch weniger sichtbar. Für die Luftkühlung besteht die Möglichkeit, einen visuell oder lärmtechnisch günstigen Standort (z. B. nahe der Autobahn) zu nutzen.
- Für den Anlagenstandort einen großen Abstand zur Wohnbebauung wählen.
- Die Ansiedelung nahe Gewerbegebieten bietet sich an, da an diesen Standorten in der Regel Abnehmer mit erhöhtem Energiebedarf vorhanden sind.
- Für den Anlagenstandort bereits versiegelte Flächen verwenden, damit kein Verlust von Grünfläche entsteht.

- Bohrturm weiter von der Wohnbebauung entfernt aufbauen (abgelenkte Bohrung).
- Bohrzielpunkt unter freier Fläche bevorzugen, falls möglich nicht unter Wohngebieten.

Kraftwerksdesign

- In Architektur investieren, welche die Anlage in das Landschaftsbild bestmöglich integriert.
- Entscheidung ob Anlage freistehend oder überdacht/eingehaust errichtet wird.
- Integration von Showrooms oder Erlebniswelten in die Anlage.

Phase Bohrung
- Für die Einrichtung des Bohrplatzes bereits versiegelte Flächen verwenden.
- Müssen Ausgleichsflächen geschaffen werden, empfiehlt es sich, diese in räumlicher Nähe zur verbauten Fläche zu gestalten.
- Thermalwassertrasse können unterirdisch verlegt werden (bei zwei Bohrplätzen).
- Taktung der Schwertransporte (Vermeidung von Stoßzeiten, Beachtung Ferienzeiten).
- Eine Räderwaschanlage an der Baustellenausfahrt zur Reduktion von Staub und Dreck durch die Fahrzeuge außerhalb der Baustelle.
- Berücksichtigung der Routenführung für die Fahrtwege der LKWs.
- Verlagerung der LKW-Bereitstellungsräume an Orte, an denen sie Anwohner nicht stören.
- Besonders laute Arbeiten während der Bohrung so koordinieren, dass sie nicht auf Ruhezeiten fallen.
- Mobile Schallschutzwände einsetzen.
- Lärmemission einzelner Komponenten (z. B. Spülpumpe, Hebewerk, Generatoren) durch Lärmschutzmaßnahmen mindern.
- Einsatz eines Pipehandlers bei der Verschraubung des Bohrgestänges (Lärmschutz).
- Zur Vermeidung von Abgasen einen Stromanschluss dem Einsatz von Dieselgeneratoren vorziehen.

- Wenn ein Stromanschluss nicht möglich ist, eine räumliche Trennung von Generator und Bohranlage in Betracht zu ziehen.
- Auswahl der Bohrspülung: Eine möglichst geruchsneutrale Spülung verwenden. (z. B. Einsatz von chemischen Zusätzen).
- Nutzung der Bohrspülung (chemikalienfrei) als Dünger – vom Abfallstoff zum Wertstoff. Die Nutzung der Bohrspülung als Dünger setzt eine amtliche Genehmigung voraus.
- Produktions- und Fördertests sollten nach Möglichkeit nicht auf Zeiten gelegt werden, in denen viele Bewohner Erholung unter freiem Himmel suchen, wie am Wochenende oder in den Ferien.
- Zur Vermeidung von Gefährdung des Verkehrs durch Dampfschwaden sollten vorab die Windverhältnisse geklärt sein und bei Bedarf eine Geschwindigkeitsreduktion auf betroffenen Straßen veranlasst werden.
- Vermeidung von Dampfschwaden: Den auftretenden Dampf über einen Kondensator niederschlagen.
- Neutralisieren des schwefelhaltigen Geruchs durch Inhibitoren.
- Wasserbecken (Thermal- oder Löschwasser) zum Schutz für kleinere Tiere umzäunen und für größere Tiere eine Ausstiegsmöglichkeit einrichten. Becken können auch überdacht oder geschlossen werden. Dies gilt insbesondere wenn die Becken für eine dauerhafte Nutzung vorgesehen sind.
- Zum Schutz von Vögeln Netze über die Becken spannen oder Greifvogel-Silhouetten in der Nähe der Becken anbringen.
- In einigen Gebieten wie dem Oberrheingraben oder dem Norddeutschen Becken ist der tiefe Untergrund stärker mit natürlicher Radioaktivität belastet als beispielsweise in der Bayerischen Molasse. Die Entnahme von Bohrklein kann daher bei der Bevölkerung zu Ängsten im Zusammenhang mit Strahlung führen. Der Umgang mit radioaktiv belasteten Stoffen ist jedoch gesetzlich geregelt und stellt für die Menschen vor Ort keine Gefahr dar. Eine Migration der natürlichen Radioaktivität kann durch Abdichtungs- und Überdeckungsmaßnahmen verhindert werden.
- Weitere, mit geringem Mehraufwand realisierbare Möglichkeiten:
  - Zur Weihnachtszeit: Christbaum auf die Spitze des Bohrturms setzen.
  - Lasershow am Bohrturm.
  - Informationstafeln am Bauzaun.
  - Tag der Offenen Tür.

- Feierlichkeiten zum Meißelanschlag/Fertigstellung Bohrung/Fündig-keit etc.
- Gestaltung einer Gebäudewand durch den örtlichen Jugendclub, eine Schulklasse o. ä.
- Richtfest mit Pfarrer, Gemeindevertretern, Presse etc.

Phase Bau Anlage

- Taktung der Schwertransporte (Vermeidung von Stoßzeiten, Beachtung Ferienzeiten).
- Eine Räderwaschanlage an der Baustellenausfahrt zur Reduktion von Staub und Dreck durch die Fahrzeuge außerhalb der Baustelle.
- Komponenten mit schalldämpfenden Maßnahmen versehen, z. B. die Turbine oder die Kreislaufpumpe.
- Bei der Anordnung der Komponenten auf Lärm- und Sichtschutz achten, z. B. Betriebsgebäude vor der Kühlung errichten.
- Nutzung der Geländegegebenheiten als natürlichen Sicht- und Lärm-schutz.
- Bei Wärmeanlagen (teilweise) unterirdische Errichtung der Anlage bzw. einzelner Komponenten (Energiezentrale) möglich.
- Die während der Bohrphase angelegten Wasserbecken sind auch wäh-rend des Anlagenbaus noch vorhanden. Sie sind durch Zäune und ent-sprechende Uferbereiche so zu gestalten, dass Tiere in den Becken nicht ertrinken können.
- Der Betreiber hat die Möglichkeit die Geothermie-Anlage freistehend oder überdacht in Gebäuden aufzustellen. Auch eine Mischung mit teil-weise freistehenden und teilweise überdachten Komponenten ist mög-lich. Für die Überdachung spricht, dass die Anlage optisch besser in das allgemeine Landschaftsbild integriert werden kann und auch aus Lärm-schutzgründen kann eine Einhausung sinnvoll sein.
- Die Begrünung des Anlagengeländes trägt weiter zur optischen Auf-wertung der Geothermie-Anlage bei und bindet die Anlage besser in die Umgebung ein.
- Um Fläche zu sparen, kann eine Geothermie-Anlage auch in Etagen errichtet werden.
- Direktkühlung über ein Gewässer (Lärm- und Sichtschutz).

Phase Betrieb

- Nachträgliche Einhausung oder Isolation der Komponenten zur Schallreduzierung.
- Anstrich oder Einhausung/Isolation von spiegelnden Metallflächen.
- Wird die Geothermie-Anlage direkt gekühlt, kann die Wasserentnahme sowie anschließende Wassereinleitung in Flüsse oder Seen als Beeinträchtigung gesehen werden. Das Wasser ist bei seiner Rückführung wärmer als bei der Entnahme. Zugelassen ist eine Temperaturerhöhung von maximal 1,5 Grad Celsius.
- An- und Abfahren bei ungünstigen Windrichtungen oder zur Feierabendzeit vermeiden.
- Im Falle einer Leckage Ableitung des Arbeitsmittels nach oben.
- Risiko für seismische Ereignisse durch möglichst langsame Abschaltungen und Wiederinbetriebnahmen minimieren.
- Auch die Veröffentlichung von Daten des seismischen Monitorings (falls vorhanden) kann zur Beruhigung der Menschen vor Ort beitragen. Dazu kann eine Verstetigung des seismischen Monitoringnetzes erfolgen.

Weitere phasenunabhängige Gestaltungsmöglichkeiten

- Stromtankstelle für PKW/Handy.
- Infotafeln am Zaun.
- Möglichkeiten zur Besichtigung.
- Tag der offenen Tür, Erlebniswelt „Kraftwerk", Showrooms.
- „Thermalwasser-Hahn" im örtlichen Freibad.
- Direkte Nutzung durch Wärme-Abgabe zeigen.
- Feuerwehrkommandantenübungen.

Was Sie aus diesem *essential* mitnehmen können

- Kommunikation ist ein zentrales Element für die Akzeptanz geothermischer Projekte.
- Das Vertrauen der Bevölkerung und nicht nur die technischen Aspekte einer geothermischen Anlage sind entscheidend für den Erfolg.
- Erfolgreiche Kommunikation zeichnet sich durch Transparenz, regelmäßige Information und Einbindung aller Akteure aus.
- Auch kritische Themen müssen offen kommuniziert werden.

© Springer Fachmedien Wiesbaden GmbH 2017
A. Borg und M.J. Bauer, *TIGER – Kommunikationskonzept Tiefe Geothermie,* essentials, DOI 10.1007/978-3-658-18500-8

Literatur

Borg, A., Kluge, J., Schwendemann, S., Trevisan, B., Van Douwe, A.: Frühzeitig, transparent und umfassend. (2015). *Wie Kommunikation die Akzeptanz Tiefer Geothermie verbessern kann. Tagungsband, Der Geothermiekongress DGK 2015.* Essen.

Ditges, F., Höbel, P., & Hofmann, T. (2008). *Krisenkommunikation.* Konstanz: UKV.

Frey, M. (2014). Kommunikation und Akzeptanz. In M. Bauer, W. Freeden, H. Jacobi, & T. Neu (Hrsg.), *Handbuch Tiefe Geothermie* (S. 739–766). Berlin: Springer.

Hegele, H., & Knapek, E. (2014). Geothermiebranche Deutschland. In M. Bauer, W. Freeden, H. Jacobi, & T. Neu (Hrsg.), *Handbuch Tiefe Geothermie* (S. 792). Berlin: Springer.

Holenstein, M., & Högg, R. (2013). *Dialoge als neutrale Plattform für risikokompetente Entscheidungen.* Winterthur: Stiftung.

Hoveland, C. I., Janis, I. L., & Kelly, H. H. (1953). *Communication and Persuasion.* London: New Haven.

Jäckel, M. (2007). *Medienwirkungen* (4. Aufl.). Berlin: Springer.

Kluge, J., Kowalewski, S., & Ziefle, M. (2015). *As simple as possible and as complex as necessary- A communication Kit for geothermal energy Projects, 18th International Conference on Human-Computer Interaction,* Toronto (under revision).

Kluge, J., & van Douwe, A. (2014). *Akzeptanz, Information und Kommunikation – Grundlagen für den Erfolg geothermischer Projekte,* bbr 2/2014, S. 48–52.

Kluge, J., Kowalewski, S., & Ziefle, M. (2015). What can we learn from the geothermal energy sector for communication concepts for large-scale projects, *2nd International Conference on Human Factors and Sustainable Infrastructure.*

Kowalewski, S., Borg, A., Kluge, J., Himmel, S., Trevisan, B., Eraßme, D., Ziefle, M. & Jakobs, E. M. (2014). *Modelling the influence of human factors on the perception of renewable energies.* Taking geothermics as an example, advances in Human factors, software and system engineering, S. 155–162.

Paschen, H., Oertel, D. & Grünwald R. (2003). *Möglichkeiten geothermischer Stromerzeugung in Deutschland.* TAB Arbeitsbericht Nr. 84.

Reimer, E., Hahn, S., Borg, A., Schwendemann, S., Trevisan, B. (2014). Tiefe Geothermie in den sozialen Medien – Ergebnisse aus dem Vorhaben TIGER, *Der Geothermie Kongress (DGK).*

© Springer Fachmedien Wiesbaden GmbH 2017
A. Borg und M.J. Bauer, *TIGER – Kommunikationskonzept Tiefe Geothermie,* essentials, DOI 10.1007/978-3-658-18500-8

Reimer, E., Jakobs, E. M., Borg, A., Trevisan, B. (2015). *New Ways to Develop Professional Communication Concepts*, Proceedings of the ProComm 2015, 12.-15.07.2015, Limerick (IRL), S. 97–103.

Schenk, M. (1987). *Medienwirkungsforschung*. Tübingen: Mohr.

Trevisan, B., Eraßme, D., & Jakobs, E. M. (2013). *Web comment-based trend analysis on deep geothermal energy, proceedings of the IPCC (IEEE), 15.-17.07.2013*. Vancouver: CA.

Trevisan, B., Eraßme, D., Hemig, T., Kowalewski, S., Kluge, J., Himmel, S., Borg, A., Jakobs, E. M., Ziefle, M. (2014). *Facebook as a Source for Human-centred Engineering. Web Mining-based Reconstruction of Stakeholder Perspectives on Energy Systems, Proceedings of AHFE*, 19.-23.07.2014, Krakau (PL), 180–191.

Trevisan, B., & Jakobs, E. M. (2015). Linguistisches Text Mining. In B. Keller, H.-W. Klein, & S. Tuschl (Hrsg.), *Zukunft der Marktforschung. Entwicklungschancen in Zeiten von Social Media und Big Data* (S. 167–185). Heidelberg: Springer Gabler.

Trevisan, B., Digmayer, C., Reimer, E., Jakobs, E. M. (2015). *Communication of New Energy Forms: Ways to Detect Topics and Stakeholders, Proceedings of the ProComm 2015*, 12.-15.07.2015, Limerick (IRL), S. 163–170.

Turkle, S. (1998). *Leben im Netz: Identität in Zeiten des Internet*. Reinbek: Rowolt.

Technische Regel VDI 7001:2014-03. Kommunikation und Öffentlichkeitsbeteiligung bei Planung und Bau von Infrastrukturprojekten – Standards für die Leistungsphasen der Ingenieure, Beuth.

Van Douwe, A., Trevisan, B. (2015). *Facebook und Social Media als Standbeine erfolgreicher Projektkommunikation Tiefer Geothermie*, bbr, S. 62–65.

Van Douwe, A., Trevisan, B. (2015). *Facebook und Social Media Tiefen-Geothermie-Projekten*, GTE, S. 10–11.

Verband Beratender Ingenieure (VBI). (2013). *Tiefe Geothermie VBI-Leitfaden*, Bd. 21 der VBI-Schriftenreihe, 2., überarbeitete und erweiterte Aufl. Berlin.

Wiedemann, P. M.: *Gesellschaftliche Akzeptanz von Geothermie: Was sollte und was kann Risikokommunikation dazu beitragen? Vortrag anlässlich der IGC in Freiburg, 16. März 2013.

Wirtz-Brückner, S., Jakobs, E. M., Kowalewski, S., Kluge, J., Ziefle, M. (2015). *The potential of facebook for communicating complex technologies using the example of deep geothermal energy*, proceedings of the ProComm, 12.-15.07.2015, Limerick (IRL), S. 235–244.

Printed in the United States
By Bookmasters